变电设备
带电检测

国网浙江省电力有限公司温州供电公司　组编

BIANDIANSHEBEI
DAIDIAN JIANCE

U0381712

中国电力出版社
CHINA ELECTRIC POWER PRESS

内 容 提 要

为提高变电设备带电检测人员技术技能水平，确保变电设备带电检测工作安全、规范、高效开展，国网浙江省电力有限公司温州供电公司组织编写了本书。全书共分 7 章，分别介绍了避雷器带电检测、变压器带电检测、开关柜带电检测、GIS 设备带电检测、接地网带电检测、红外热成像检测、紫外成像检测等 7 大类共 11 种变电设备带电检测技术的基本原理、操作流程和典型案例。

本书可供变电设备带电检测技术人员和管理人员学习及培训使用，也可供其他相关人员学习参考。

图书在版编目（CIP）数据

变电设备带电检测 / 国网浙江省电力有限公司温州供电公司组编．—北京：中国电力出版社，2019.12
（2021.7 重印）

ISBN 978-7-5198-4163-8

Ⅰ．①变…　Ⅱ．①国…　Ⅲ．①变电所－电气设备－带电测量　Ⅳ．① TM63

中国版本图书馆 CIP 数据核字（2020）第 017105 号

出版发行：中国电力出版社
地　　址：北京市东城区北京站西街 19 号（邮政编码 100005）
网　　址：http://www.cepp.sgcc.com.cn
责任编辑：穆智勇（zhiyong-mu@sgcc.com.cn）
责任校对：黄　蓓　朱丽芳
装帧设计：张俊霞
责任印制：石　雷

印　　刷：北京瑞禾彩色印刷有限公司
版　　次：2019 年 12 月第一版
印　　次：2021 年 7 月北京第二次印刷
开　　本：787 毫米 ×1092 毫米　16 开本
印　　张：9.25
字　　数：168 千字
印　　数：1001—1500 册
定　　价：46.00 元

编委会

编写组

前　言

变电设备带电检测是国家电网有限公司的主要生产业务，也是实现状态检修的关键环节。带电检测技术能够在一次设备不停电的情况下检测设备运行状态，是发现设备潜伏性运行隐患的有效手段，为制定检修决策提供参考依据，是电力设备安全稳定运行的重要保障。

在开展变电设备带电检测工作的过程中曾出现过很多问题，主要表现为带电检测仪器参数设置不正确、现场操作不熟练、检测环境干扰大难以排除等原因造成的误检和漏检，这极大影响了工作效率，甚至留下安全隐患。为此，国网浙江省电力有限公司温州供电公司组织编写了本书，以帮助相关专业人员提高技术技能水平，确保变电设备带电检测工作安全、规范、高效开展。

本书共有 7 章，分别介绍了避雷器带电检测、变压器带电检测、开关柜带电检测、GIS 设备带电检测、接地网带电检测、红外热成像检测、紫外成像检测等 7 大类共 11 种变电设备带电检测技术的基本原理、操作流程和典型案例。

本书可供变电设备带电检测技术人员和管理人员学习及培训使用，也可供其他相关人员学习参考。由于编者水平有限，书中难免存在疏漏之处，望广大读者批评指正。

编　者

2019 年 11 月

目 录

前言

1 避雷器带电检测 001
   1.1 避雷器带电检测概述 001
   1.2 避雷器带电检测仪现场操作 003
   1.3 典型案例分析 009

2 变压器带电检测 014
   2.1 变压器铁心接地电流检测 014
   2.2 变压器高频局部放电检测 022

3 开关柜带电检测 033
   3.1 开关柜暂态地电压局部放电检测 033
   3.2 开关柜超声波局部放电检测 044

4 GIS 设备带电检测 053
   4.1 GIS 设备超声波局部放电检测 053
   4.2 GIS 设备特高频局部放电检测 065

5 接地网带电检测 079
   5.1 接地网接地阻抗检测 079
   5.2 接地引下线导通性能检测 087

6 红外热成像检测 096
   6.1 红外热成像检测概述 096
   6.2 红外热成像检测仪现场操作 099
   6.3 典型案例分析 107

7 紫外成像检测 112
   7.1 紫外成像检测概述 112

7.2 紫外成像检测仪现场操作 113

7.3 典型案例分析 117

附录 A 变压器高频局部放电检测典型图谱 120

附录 B GIS 设备超声波局部放电检测典型图谱 122

附录 C GIS 设备超声波局部放电缺陷部位和缺陷类型判断依据 125

附录 D GIS 设备特高频局部放电检测干扰信号典型图谱 127

附录 E GIS 设备特高频局部放电检测典型图谱 128

附录 F 常用材料的辐射率 130

附录 G 电流致热型设备缺陷诊断判据 132

附录 H 电压致热型设备缺陷诊断判据 134

附录 I 电晕放电量与紫外检测距离校正公式 136

参考文献 137

1 避雷器带电检测

1.1 避雷器带电检测概述

金属氧化物避雷器为电力系统内广泛采用的过电压保护装置，它通过吸收雷电过电压、操作过电压等冲击能量，保护发电厂、变电站及输电线路免受过电压损坏。近年来，氧化锌避雷器（MOA）因具有优异的非线性、良好的通流容量和持久的抗老化能力，逐渐取代了其他类型的避雷器，成为电力系统主流过电压保护设备。

氧化锌阀片在运行电压下呈绝缘状态，通过的电流很小。但是在避雷器长期的运行过程中，阀片将长期承受运行电压的作用，总是存在逐渐劣化的情况，同时还存在因避雷器密封不良导致的受潮情况。避雷器阀片劣化或者受潮后，泄漏电流增大，泄漏电流的阻性分量将形成有功损耗，使阀片温度升高，加剧避雷器的劣化程度，严重时甚至引起避雷器的爆炸。

针对这种情况，避雷器泄漏电流带电检测已成为判断金属氧化物避雷器运行状况的一项重要手段。但影响带电测试技术的因素也较多，外部环境条件、运行状况、测量方式等都可能对测试结果产生很大的影响，从而降低测试结果的可信度和稳定度。因此，现场检测时须严格遵守相关规程和导则，确保测试数据准确可靠。

避雷器设备的带电检测一般是指采用便携式检测设备，在运行状态下对避雷器的全电流与阻性电流进行的现场检测。其检测方式为带电短时间内检测，有别于长期连续的在线监测。在正常运行电压下，流过金属氧化物避雷器本体的电流为全电流，又称持续运行电流。全电流由阻性电流和容性电流组成，可用有效值 I_x 或峰值 I_{xp} 表示。全电流的阻性分量称为阻性电流，由各次谐波组成，其有效值或峰值可表示为 I_R、I_{Rp}。根据避雷器的全电流和阻性电流基波峰值变化可判断避雷器内部是否受潮、金属氧化物阀片是否发生劣化等，因此金属氧化物避雷器泄漏电流带电检测主要是测量全电流和阻性电流。

1. 全电流检测

全电流法已在实际运行中广泛采用，最简单的方法是用数字式万用表（也可采用交流毫安表、经桥式整流器连接的直流毫安表），接在动作计数器上进行测量。但由于阻性电流仅占很小的比例，即使阻性电流已显著增加，总电流的变化仍不明显。该方法灵敏度很低，只有在氧化锌避雷器严重受潮或老化的情况下才能表现出明显的变化，不利于早期故障的检测。大多用于不是很重要的氧化锌避雷器检测或用于氧化锌避雷器运行情况的初判。

2. 阻性电流检测

阻性电流测试可通过采集全电流信号，并对同步采集的电压信号进行数字信号处理后，经不同的算法计算得出。检测原理分为三次谐波法、容性电流补偿法、基波法、波形分析法等。

（1）三次谐波法理论成立的前提是系统电压不含谐波分量，因此该测量方法测量值受电网三次谐波影响较大，且该方法无法辨别是哪一相避雷器出现异常。此外，不同阀片间以及伴随着氧化锌阀片的老化，总阻性电流与三次谐波阻性电流之间的比例关系也会发生变化，所以三次谐波法检测结果并不理想。

（2）容性电流补偿法测试方法十分简便，能够直接求取阻性电流。但该方法只有当氧化锌避雷器总泄漏电流中阻性电流的相位与容性电流的相位成90°的时候才能够得到避雷器运行状况的真实结果。但是在测试现场测试时，受相间杂散电容的影响，测量存在误差。此外此法需要从电压互感器上采集电压信号，可能存在相移，电网电压存在较大谐波时，也会影响其测量的精度。

（3）基波法简单方便，在一些情况下能够灵敏地反映氧化锌避雷器的状态，但滤波的同时也除掉了容性电流谐波分量及氧化锌避雷器电阻片固有非线性特性所产生的高次谐波成分，因此不能有效地反映氧化锌避雷器电阻片的老化情况。同时由于氧化锌阀片的交流伏安特性非线性关系，仍然无法消除电网谐波对测试结果的影响。

（4）波形分析法在基波法的基础上运用傅里叶变换对同步检测到的电压和电流信号进行波形分析，获得电压和阻性电流各次谐波的幅值和相角，计算得出阻性电流基波分量及各次谐波分量，弥补了基波法完全忽略阻性电流高次谐波的影响。同时该方法能够得到电压信号的谐波成分，从而可以考虑电压谐波造成的影响，综合判断得出正确的结论。

如今微型计算机在仪器设备中得到广泛应用，从测量精度等多方面考虑，现场检测推荐采用波形分析法。

1.2 避雷器带电检测仪现场操作

1.2.1 避雷器带电检测仪组成及工作原理

避雷器泄漏电流带电测试系统一般由测试引线和检测仪等部分组成，如图1-1所示。测试引线将避雷器泄漏电流及参考电压信号输入至测试仪，检测仪采集、处理和分析信号数据。在金属氧化物避雷器正常运行情况下，能够检测金属氧化物避雷器全电流、阻性电流基波及其谐波分量、有功功率等值。

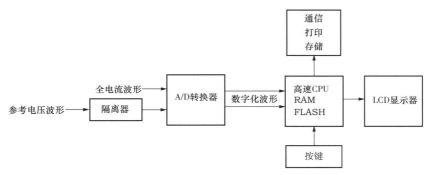

图 1-1 避雷器泄漏电流带电检测仪功能示意图

1. 电流取样方式

有放电计数器短接法、钳形电流传感器法两种方式。

（1）放电计数器短接法：若避雷器下端泄漏电流表为高阻型，则采用测试线夹将其短接，通过测试仪内部的高精度电流传感器获得电流信号。

（2）钳形电流传感器法：若避雷器下端泄漏电流表为低阻型，则采用高精度钳形电流传感器采样。

2. 电压取样方式

通常有二次电压法、检修电源法、感应板法、末屏电流法四种方法。

（1）二次电压法：电压信号取与待测金属氧化物避雷器同一段母线上的电压互感器二次电压。其传输方式分为有线传输和无线传输两种。

（2）检修电源法：通过测取交流检修电源220V电压作为虚拟参考电压，再通过相角补偿求出参考电压，避免了取电压互感器端子箱内二次参考电压的误碰、误接线的风险。

（3）感应板法：将感应板放置在金属氧化物避雷器底座上，与高压导体之间形成电容，仪器利用电容电流做参考对金属氧化物避雷器总电流进行分解。由于感应板对位置比较敏感，因此该测试方法受外界电场影响较大，如测试主变压器侧避雷器或仪器上方具有横拉母线时，测量结果误差较大。

（4）末屏电流法：选取同电压等级的容性设备末屏电流做参考量进行测量的方法。容性设备可选取电流互感器、电容式电压互感器。

1.2.2　主要功能和技术指标

1. 主要功能

在金属氧化物避雷器正常运行情况下，避雷器带电检测仪能够检测金属氧化物避雷器全电流、阻性电流基波及其谐波分量、有功功率等值，应具备以下基本功能：

（1）可显示全电流、阻性电流值、功率损耗。

（2）测试数据可存储于本机并可导出。

（3）可充电电池供电，充满电单次供电时间不低于4h。

（4）可以手动设置由于相间干扰引起的偏移角，消除干扰。

（5）具备电池电量显示及低电压报警功能。

同时应具备以下高级功能：

（1）可显示参考电压、全电流、容性电流值，以及阻性电流基波及3、5、7次谐波分量。

（2）可以自动边相补偿消除相间干扰。

（3）可以实现参考电压信号的无线传输。

（4）可以实现三相金属氧化物避雷器泄漏电流同时测量。

（5）配有蓝牙接口，可以无线读取检测数据。

（6）配有高精度钳形电流传感器，可实现低阻计数器电流取样。

2. 技术指标

（1）环境适应能力要求：环境温度 −10℃~+55℃，环境相对湿度 0%~85%，大气压力 80kPa~110kPa。在保证仪器正常检测下，环境条件可以适当放宽。

（2）性能要求：全电流检测范围 1μA~50mA，检测误差要求 ±1% 或 ±1μA，测量误差取两者最大值；全电流检测范围 1μA~10mA，检测误差要求 ±1% 或 ±1μA，测量误差取两者最大值。

1.2.3　现场测试要求

1. 检测人员要求

（1）熟悉金属氧化物避雷器泄漏电流带电检测技术的基本原理和检测程序，了解金属氧化物避雷器泄漏电流带电检测仪的工作原理、技术参数和性能，掌握金属氧化物避雷器泄漏电流带电检测仪的操作程序和使用方法。

（2）了解被检测设备的结构特点、工作原理、运行状况和导致设备故障的基本因素。

（3）熟悉金属氧化物避雷器泄漏电流带电检测技术标准，接受过金属氧化物避雷器泄漏电流带电检测技术培训，并经相关机构培训合格。

（4）具有一定的现场工作经验，熟悉并能严格遵守电力生产和工作现场的有关安全管理规定。

2. 现场检测安全要求

（1）应执行 Q/GDW1799.1《国家电网公司电力安全工作规程（变电部分）》。

（2）应有专人监护，监护人在检测期间应始终行使监护职责，不得擅离岗位或兼任其他工作。

（3）从电压互感器获取二次电压信号时应防止短路。

3. 检测条件要求

（1）环境温度一般不低于 5℃，相对湿度一般不大于 85%。

（2）天气以晴天为宜，不应在雷、雨、雾、雪等气象条件下进行检测。

4. 检测周期要求

（1）投运后一个月内进行一次泄漏电流带电检测，记录作为初始数据。

（2）带电检测周期为 1 年，宜在每年雷雨季节前进行。

（3）必要时。

1.2.4　检测流程及注意事项

1. 检测准备

金属氧化物避雷器泄漏电流带电检测准备工作如下：

（1）确认避雷器泄漏电流检测仪能正常工作，配件齐全，如图 1-2 所示，保证仪器电量充足或者现场交流电源满足仪器使用要求。

（2）掌握被试设备历次停电试验和带电检测数据、历史缺陷、家族性缺陷、不良工况等状态信息。

（3）测试开始之前，应确认测试引线导通良好。

2. 检测步骤

（1）将仪器可靠接地。

（2）正确连接测试引线和测试仪器，如图 1-3~ 图 1-6 所示。

图 1-2　避雷器泄漏电流检测仪

图 1-3　单相避雷器带电检测接线

图 1-4　三相避雷器带电检测接线

图 1-5　确认母线电压互感器二次端子

图 1-6　从母线电压互感器二次端子采集电压信号

（3）正确进行仪器设置，包括电压获取方式、电压互感器变比等参数，如图 1-7 所示。

图 1-7　测试仪设置界面

（4）测试并记录数据，记录全电流、阻性电流，运行电压数据，相邻间隔设备运行情况。

（5）测试完毕，关闭仪器。拆除试验线时，先拆信号侧，再拆接地端，最后拆除仪器接地线。

3. 注意事项

金属氧化物避雷器泄漏电流带电检测在获取电流、电压信号时应保证测试方法安全、正确。

（1）取全电流 I_x 时，短接带泄漏电流表的计数器，电流表指针应该回零，否则应用万用表测量计数器两端电压判断其是否为低阻计数器。对于低阻计数器，需采用高精度钳形电流传感器采样。当计数器与在线电流表分离时，应同时短接电流表和计数器。

（2）测取电压互感器二次电压信号时，宜采用专用测量端子并设专人看守端子箱。

1.2.5　数据记录及试验报告编制

检测时应按照表 1-1 记录原始试验数据，试验完成编制测试报告，应保证数据准确完整，分析过程清晰，结论明确。

表 1-1 避雷器带电检测报告

一、基本信息							
变电站		委托单位		试验单位		运行编号	
试验性质		试验日期		试验人员		试验地点	
报告日期		编制人		审核人		批准人	
试验天气		环境温度（℃）		环境相对湿度（%）			

二、检测数据							
设备名称	I_x（mA）	I_{r1p}（mA）	I_{r3p}（mA）	I_c（mA）	角度	功率	备注
							运行情况说明等（如旁边是否新增加运行设备，上方是否有运行母线干扰等）
仪器型号							
结论							
备注							

1.2.6 检测数据分析方法

金属氧化物避雷器泄漏电流带电检测数据分析应采取纵向、横向比较和综合分析，判断金属氧化物避雷器是否存在受潮、老化、劣化等情况。应以补偿后的数据进行对比分析，同时应注意宜以同种方法测试数据进行比校。

（1）纵向比较：同一产品，在相同的环境条件下与前次或初始值比较，阻性电流初值差应≤50%，全电流初值差应≤20%。当阻性电流增加0.5倍时，应缩短试验周期并加强监测，增加1倍时应停电检查。

（2）横向比较：同一厂家、同一批次、同相位的产品，避雷器各参数应大致相同，彼此应无显著差异。如果全电流或阻性电流差别超过70%，即使参数不超标，避雷器也有可能异常。

（3）综合分析法：当怀疑避雷器泄漏电流存在异常时，应排除各种因素的干扰，并结合红外精确测温、高频局部放电测试结果进行综合分析判断，必要时应开展停电诊断试验。

检测结果的影响因素主要有以下 7 项：

（1）瓷套外表面受潮污秽的影响。瓷套外表面潮湿污秽引起的泄漏电流，如果不加屏蔽会进入测量仪器，会使测量结果偏大。

（2）温度对金属氧化物避雷器泄漏电流的影响。由于金属氧化物避雷器的氧化锌电阻片在小电流区域具有负的温度系数，且金属氧化物避雷器内部空间较小，散热条件较差，加之有功损耗产生的热量，会使电阻片的温度高于环境温度，这些都会使金属氧化物避雷器的阻性电流增大。因此在进行检测数据的纵向比较时应充分考虑该因素。

（3）湿度对测试结果的影响。湿度比较大的情况下，会使金属氧化物避雷器瓷套的表面泄漏电流明显增大，同时引起金属氧化物避雷器内部阀片的电位分布发生变化，使芯体电流明显增大，严重时芯体电流增大 1 倍左右，瓷套表面电流会成几十倍增加。

（4）相间干扰的影响。对于一字排列的三相金属氧化物避雷器，在进行泄漏电流带电检测时，由于相间干扰影响，A、C 相电流相位都要向 B 相方向偏移，一般偏移角度 2°~4°，这导致 A 相阻性电流增加，C 相变小甚至为负。相间干扰是固定的，采用历史数据的纵向比较，仍能较好地反映金属氧化物避雷器的运行情况。

（5）电网谐波的影响。电网含有的电压谐波，会在避雷器中产生谐波电流，导致无法准确检测金属氧化物避雷器自身的谐波电流。

（6）不同参考电压方法的影响。金属氧化物避雷器测量仪一般具有电压互感器二次电压法、检修电源法、感应板法、容性设备末屏电流法几种参考电压方式，各种方法不同带来系统性的电压误差，影响试验结果。

（7）电磁场的影响。测试点电磁场较强时，会影响到电压 U 与总电流 I_x 的夹角，从而会使测得的阻性电流数据不真实，给测试人员正确判断金属氧化物避雷器的运行状况带来不利影响。测试时应选取多个测试点进行分析比较。

1.3 典型案例分析

1.3.1 案例概述

某年 10 月 8 日，检修人员对所辖某 220kV 变电站进行避雷器带电测试，发现 2 号主变压器 110kV 避雷器 A 相阻性电流和全电流异常，全电流测试值与避雷器在线监测表计读数一致，测试环境温度为22℃。该避雷器型号为Y10W–102/266W，生产日期为2011年3月，于2011年6月投入运行。

1.3.2 带电检测数据分析

测试数据如表1–2所示，从中可以看出，A相避雷器的交流泄漏电流与其他两相比较增加超过130%，也远大于投产时全电流数值（A相投产时全电流为0.33mA）；阻性电流增加约8倍，表明避雷器内部出现劣化或受潮等情况，并可能导致避雷器热稳定破坏；阻性电流I_{RP}占全电流比例达到51%（正常时$I_{RP}/I_X<20\%$），带电测试结果不合格，阻性电流增大。发现带电测试数据异常后，检修人员在夜间对该组避雷器进行了红外测温，A相避雷器红外成像图谱如图1–8所示。

表1–2   某变电站避雷器带电测试数据

电流参数 相别	全电流 I_X（mA）	阻性电流 I_{RP}（mA）
A 相	0.796	0.406
B 相	0.331	0.047
C 相	0.337	0.050

图1–8 异常避雷器红外成像图谱

避雷器A相第五节瓷裙处有一点温度为34.1℃，周围环境及B、C相温度为26℃，温度相差8.1℃。避雷器属于电压制热型设备，由于绝缘层热传导系数的影响，A相避雷器内部温升已很高。避雷器带电检测与红外测温数据表明，2号主变压器110kV避雷器A相出现了故障。由于该组避雷器投运时间不长，怀疑避雷器制造工艺存在缺陷，需立即停电处理。

1.3.3 综合分析

1. 故障避雷器运行电流测试和局部放电试验

避雷器停役更换后，在高压试验大厅对异常避雷器施加 63.5kV 的工频运行电压，对其泄漏电流与局部放电信号进行测试，测试数据如表 1-3 所示。

表 1-3 　　　　　　　故障避雷器全电流测试和局部放电试验

试验电压（kV）	全电流（mA）	阻性电流（mA）	局部放电量（pC）
63.5	0.704	0.405	950

测得数据显示阻性电流与运行时一致，加至试验电压时局部放电量很大。

2. 直流泄漏电流试验

对异常避雷器进行了直流 1mA 下参考电压 U_{1mA} 及 0.75 倍 U_{1mA} 下泄漏电流 $I_{0.75U1mA}$ 测试，测试数据如表 1-4 所示。

表 1-4 　　　　　　　故障避雷器直流泄漏试验数据

相别	DC U_{1mA}（kV）		$I_{0.75U1mA}$（μA）	
	本次检查	交接	本次检查	交接
A 相	100.2	152.2	400	9
B 相	152.6	152.5	8	9
C 相	152.4	152.5	8	9

A 相避雷器 U_{1mA} 为 100.2kV，与交接值相比初值差为 -34.2%（U_{1mA} 的初值差要求不超过 ±5%），而且不符合铭牌要求的直流参考电压 ≥ 148kV 要求。泄漏电流 I 高达 400μA，远大于规程要求的 50μA，比交接值增大了 44 倍。两项试验数据均不符合规程的要求，进一步确定了 2 号主变压器 110kVA 相避雷器存在严重缺陷。

1.3.4 解体检查情况

同年 10 月 28 日，对故障避雷器进行了解体检查。解体前，外观检查未发现避雷器破损和结构不良问题。打开上盖板时未发现密封不良，但在上盖板见到明显的绿色锈斑，与上盖板的接触面有黑褐色锈蚀，并在瓷套内壁发现水珠，仔细观察芯体上有盖板掉落的铁锈，如图 1-9 所示。

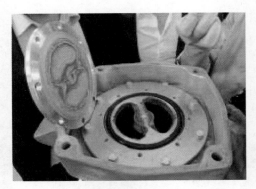

图 1-9　上盖板有明显锈斑

随后抽出避雷器芯体，发现电阻片间的白色合金出现氧化并形成了白色粉末，芯体下部的金属导杆严重锈蚀。电阻片表面有水雾，有老化迹象，一片电阻片表面的陶瓷釉发现有破损，如图 1-10 和图 1-11 所示，比对发现刚好是红外测温的发热点。

图 1-10　芯体有锈蚀

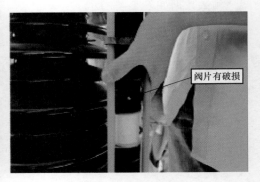

阀片有破损

图 1-11　阀片有破损

打开下盖板后，发现下盖板与避雷器腔体间漏装密封圈，如图 1-12 所示。

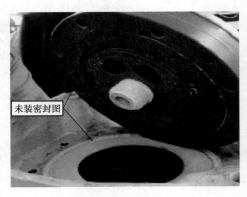

未装密封圈

图 1-12　未装密封圈

1.3.5 原因分析

根据避雷器带电测试和停电试验数据，并结合对设备的解体检查情况，可以认定避雷器缺陷产生的原因如下：

（1）该避雷器在生产安装过程中出现了失误，漏装下盖板与避雷器腔体间的密封圈，使水汽进入避雷器密封腔内，导致避雷器芯体受潮劣化。

（2）腔体内水汽受热上浮，导致上盖板上的铜板氧化出现铜绿。

（3）电阻片受潮劣化引发局部放电，导致避雷器阻性电流和全电流增大，并使得电阻片发热。电阻片和其表面的陶瓷釉受热膨胀，在薄弱点出现了破损。

（4）电阻片陶瓷釉破损导致该片绝缘性能下降，同时电阻片间的均一性发生变化，形成避雷器运行电位分布的不均匀，从而出现该避雷器电阻片破损处对应点温度升高。

2 变压器带电检测

2.1 变压器铁心接地电流检测

2.1.1 变压器铁心接地电流检测概述

变压器铁心是变压器内部传递、变换电磁能量的主要部件，正常运行时变压器铁心必须接地，并且只能一点接地。对变压器的故障统计分析表明，铁心故障在变压器总故障中已占到了第三位，其中大部分由铁心多点接地引起。当铁心两点或多点接地时，在铁心内部会感应出环流，该电流可达几十甚至上百安培，会引起铁心局部过热，严重时会造成铁心局部烧损，还可能使接地片熔断，导致铁心电位悬浮，产生放电性故障，严重威胁变压器的可靠运行。目前，对于运行中变压器铁心多点接地故障的预防主要是通过对铁心接地电流的定期检测进行的，变压器铁心接地电流的检测对变压器的安全运行具有非常重要的意义。

变压器铁心接地电流检测原理是利用变压器铁心接地电流检测装置，在变压器铁心接地引下线固定位置检测变压器铁心接地引下线中流过的电流，如图 2-1 所示。

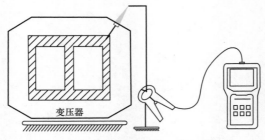

图 2-1 变压器铁心接地电流检测原理图

2.1.2 变压器铁心接地电流检测现场操作

2.1.2.1 变压器铁心接地电流检测仪组成及工作原理

变压器铁心接地电流检测装置一般分为钳形电流表和变压器铁心接地电流检测仪

两种。

（1）钳形电流表：主要由钳形电流互感器和测量仪表构成，具备电流测量、显示及锁定功能。

（2）变压器铁心接地电流检测仪，由钳形电流互感器、连接引线及检测分析单元组成，具备电流采集、处理、波形分析、超限告警及存储等功能。

钳形电流表和变压器铁心接地电流检测仪两者的工作原理类似，都是将变压器铁心接地引下线置于钳形电流互感器的副边绕组中感应出电流，对副边绕组中的电流进行测量，并经过变比换算即可得到变压器铁心的接地电流。

2.1.2.2　主要功能和技术指标

1. 主要功能

变压器铁心接地电流检测仪应具备以下功能：

（1）钳形电流表卡钳内径应大于接地线直径。

（2）检测仪应有多个量程供选择，且具有量程 200mA 以下的最小挡位。

（3）检测仪应具备电池等可移动式电源，且充满电后可连续使用 4h 以上。

（4）具备数据超限警告，检测数据导入、导出、查询、电流波形实时显示功能。

（5）具备检测软件升级功能。

（6）具备电池电量显示及低电量报警功能。

2. 技术指标

（1）检测电流范围：AC 1mA~10000mA。

（2）满足抗干扰性能要求。

（3）分辨率：不大于 1mA。

（4）检测频率范围：20Hz~200Hz。

（5）测量误差要求：±1% 或 ±1mA（测量误差取两者最大值）。

（6）温度范围：−10℃~50℃。

（7）环境相对湿度：5%RH~90%RH。

2.1.2.3　现场检测应满足的要求

1. 检测人员要求

（1）熟悉变压器铁心接地电流带电检测的基本原理、诊断程序和缺陷定性的方法，了解钳形电流表和专用铁心接地电流带电检测仪的工作原理、技术参数和性能，掌握带电检测仪的操作程序和使用方法。

（2）了解变压器的结构特点、工作原理、运行状况和设备故障分析的基本知识。

（3）熟悉变压器铁心接地电流检测技术标准，接受过铁心接地电流带电检测的培训，具备现场检测能力。

（4）具有一定的现场工作经验，熟悉并能严格遵守电力生产和工作现场的相关安全管理规定。

2. 现场检测安全要求

（1）应执行 Q/GDW 1799.1《国家电网公司电力安全工作规程变电部分》。

（2）检测过程中应有专人监护，监护人在检测期间应始终行使监护职责，不得擅离岗位或兼职其他工作。

（3）试验前应检查变压器铁心接地引线，引线应可靠接地。

3. 检测条件要求

（1）应在良好的天气下进行检测，雨天避免户外检测，雷电时严禁检测。

（2）变压器启、停运过程中严禁检测。

（3）被测变压器接地引线应可靠接地。

4. 检测周期要求

（1）1000kV 变压器：1 个月。

（2）750kV 变压器：1 个月。

（3）330kV~500kV 变压器：3 个月。

（4）220kV 变压器：6 个月。

（5）110（66）kV 及以下变压器：1 年。

（6）换流变压器（平波电抗器）：1 个月。

（7）新安装及 A、B 类检修设备重新投运后 1 周内。

（8）必要时。

2.1.2.4 检测流程及注意事项

1. 检测准备

（1）掌握被试设备及参考设备历次停电例行试验和带电检测数据。

（2）掌握被试设备运行状况、历史缺陷以及家族性缺陷等信息。

（3）检测前应确认变压器铁心接地良好。

（4）检测前应检查钳形电流表卡钳钳口闭合是否良好。

（5）检测开始之前，应确认检测仪引线导通良好。

2. 检测步骤

（1）打开测量仪，电流量程选择适当的量程，频率量程选取工频（50Hz）量程进行测量，应尽量选取符合要求的最小量程，以确保测量的精确度，如图 2-2 所示。

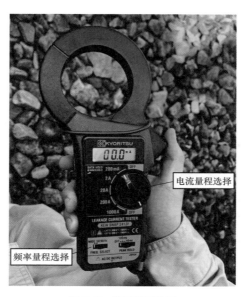

图 2-2 仪器量程选择

（2）在接地电流直接引下线段进行测试（历次测试位置应相对固定，将钳形电流表置于器身高度的下 1/3 处，沿接地引下线方向，上下移动仪表观察数值应变化不大，测试条件允许时还可以将仪表钳口以接地引下线为轴左右转动，观察数值也不应有明显变化），如图 2-3 所示。

图 2-3 选取测试位置

（3）使钳形电流表与接地引下线保持垂直，如图2-4所示。

图2-4　钳形电流表与接地引下线保持垂直

（4）待电流表数据稳定后，读取数据并做好记录。

2.1.2.5　数据记录及试验报告编制

检测时应按照表2-1记录原始试验数据，试验完成后编制检测报告，应保证数据准确完整，分析过程清晰，结论明确。

表2-1　　　　　　　　　　铁心接地电流检测报告

一、基本信息						
变电站		委托单位		试验单位		
试验性质		试验日期		试验人员		试验地点
报告日期		编制人		审核人		批准人
试验天气		温度（℃）		湿度（%）		
二、设备铭牌						
运行编号		生产厂家		额定电压（kV）		
投运日期		出厂日期		出厂编号		
设备型号		额定容量				

续表

三、检测数据	
铁心接地电流（mA）	
夹件接地电流（mA）	
仪器型号	
结论	
备注	

2.1.2.6 检测数据分析方法

1. 铁心接地电流检测结果

应符合以下要求：

（1）1000kV 变压器：≤ 300mA（注意值）。

（2）其他变压器：≤ 100mA（注意值）。

（3）与历史数值比较无较大变化。

2. 综合分析

（1）当变压器铁心接地电流检测结果受环境及检测方法的影响较大时，可通过历次试验结果进行综合比较，根据其变化趋势做出判断。

（2）数据分析还需综合考虑设备历史运行状况、同类型设备参考数据，同时结合其他带电检测试验结果，如油色谱试验、红外精确测温及高频局部放电检测等手段进行综合分析。

（3）接地电流大于300mA 应考虑铁心（夹件）存在多点接地故障，必要时串接限流电阻。

（4）当怀疑有铁心多点间歇性接地时，可辅以在线监测装置进行连续检测。

2.1.3 典型案例分析

2.1.3.1 案例概述

某 220kV 变压器进行铁心、夹件接地电流检测时发现接地电流超标，综合判定该变压器铁心与夹件间存在绝缘薄弱部位，通过在夹件接地引下线中串接电阻的方式，将接地电流限制在合格范围之内。在长期运行中，铁心、夹件接地电流稳定，变压器本体油色谱数据稳定，防止了该变压器铁心与夹件绝缘的进一步损坏。

2.1.3.2 带电检测与分析

2006 年 12 月，在进行该主变压器铁心、夹件接地电流检测时发现接地电流超标，具体数据及最近一次试验数据如表 2-2 所示，历次停电铁心绝缘电阻如表 2-3 所示，历次油色谱分析数据如表 2-4 所示。

表 2-2　　　　　　　　　　　铁心、夹件接地电流测试数据

试验时间	铁心接地电流（mA）	夹件接地电流（mA）
2006 年 12 月	3620	3680
2006 年 7 月	10.4	16.5

表 2-3　　　　　　　　　　　铁心绝缘电阻试验历史数据

试验时间	铁心对地（MΩ）	夹件对地（MΩ）	铁心对夹件（MΩ）
2006 年 5 月	22400	22200	282
2005 年 3 月	50000	50000	1000
2003 年 4 月	50000	50000	500

表 2-4　　　　　　　　　　　变压器本体油色谱历史数据

试验时间	H_2	CH_4	C_2H_6	C_2H_4	C_2H_2	CO	CO_2	总烃
2005 年 3 月	0.8	0.6	0	0.3	0	15.2	301.8	0.9
2005 年 7 月	14.1	8.7	1.4	8.3	0.1	113.5	2313.8	18.5
2005 年 10 月	16.1	11.9	3.0	12.3	0.1	155.2	2616.6	27.3
2006 年 1 月	14.1	13.2	3.2	11.3	0.1	144.6	2102.5	27.8
2006 年 4 月	13.8	15.6	3.7	12.1	0.1	172.7	2432.1	31.5
2006 年 7 月	17.4	26.1	7.4	26.2	0.1	235.8	3156.3	59.8
2006 年 10 月	16.0	26.1	7.1	24.4	0.1	252.5	2932.1	57.7
2007 年 1 月 3 日	16.6	27.7	7.9	24.4	0.2	259.4	2657.6	60.2
2007 年 1 月 26 日	18.4	29.1	9.7	26.9	0.4	271.3	3204.1	66.1

结合表 2-2 及表 2-3 试验数据分析，铁心与夹件间绝缘存在薄弱环节，在运行过程中绝缘劣化出现铁心与夹件连通状态，在磁通作用下铁心与夹件间形成环流，导致铁心接地电流与夹件接地电流同时增大。由铁心和夹件接地电流数值近似相等现象认为，铁心除本身接地点和通过夹件薄弱环节接地点外没有其他接地点。

表2-4数据表明变压器本体油色谱各种成分均有缓慢增长，其中C_2H_2、CO、CO_2的增长较为明显，判定为固体绝缘存在缺陷。

为进一步确认分析结果进行如下试验：在夹件引线与地之间接入滑线变阻器，在变化滑线变阻器阻值的同时记录电压和电流表读数，所得试验结果如表2-5所示。此试验选取夹件引线而非铁心引线串入试验回路，是为减轻试验中出现意外开路造成悬浮而产生的不良后果。

表2-5　　　　　　　　　接入滑线变阻器后不同阻值下的电流电压值

序号	夹件			铁心
	电流（mA）	电压（V）	计算值（Ω）	电流（mA）
1	3420	0.006	0.00175	3450
2	2000	2.52	1.26	2030
3	1000	4.59	4.59	1030
4	510	5.82	11.41	540
5	200	6.69	33.45	237
6	91	7.14	78.49	120
7	50	7.29	145.8	91.4
8	30	7.36	245.3	72
9	26	7.38	283.85	69

由表2-5试验数据中铁心与夹件接地电流同时减小的现象可以确认，铁心与夹件间绝缘不良，而非铁心对地存在多点接地。同时，试验数据还可为选取串联电阻阻值提供依据。

2.1.3.3　缺陷处理

带电处理方法：由于该变电站为枢纽变电站，供电负荷较大，短期内不能安排停电检修。为限制铁心与夹件间环流从而减缓绝缘劣化，决定在夹件接地引下线中串入电阻。由上述试验数据选取两只容量为1000W、阻值为600Ω电阻并联作为串联电阻，同时并联一刀闸，以便测量不串电阻时的接地电流。串入电阻后，夹件接地电流为22mA，铁心接地电流为60mA，满足不大于100mA要求，在长期运行中接地电流值稳定，本体油色谱数据稳定。

2.1.3.4　结论

（1）通过铁心接地电流检测能够有效地发现铁心多点接地缺陷。

（2）通过上述变压器铁心多点接地分析处理过程，证明使用的带电串入滑线变阻器进行电压电流检测方法，可以判断铁心和夹件都有接地引下线的变压器铁心多点接地是否为铁心与夹件间绝缘损坏，从而排除铁心对地存在多点接地。

（3）应用接地引下线串联滑线变阻器的方法可准确测量出接地点电压电流关系，从而确定所需串入电阻的阻值，达到理想的限制铁心环流的效果。

（4）铁心接地串入电阻的方法可以作为限制环流的过渡性措施。对于铁心多点接地现象，在接地引下线串入电阻也可以起到相同效果。

2.2 变压器高频局部放电检测

2.2.1 变压器高频局部放电检测概述

变压器高频局部放电检测就是在不停电的情况下，通过安装在变压器的铁心、夹件或套管末屏接地线上的高频电流传感器和专用仪器来检测由局部放电而产生的高频脉冲电流。其检测信号频带一般为 3MHz~30MHz，采用硬件滤波和软件滤波相结合的方式去除电磁干扰噪声。变压器高频局部放电检测具有检测灵敏度高、安装简单、易于携带、可进行局部放电强度量化描述等技术优点，目前已列入状态检修试验规程，成为提前发现变压器潜在缺陷的重要手段。

当局部放电在变压器内部很小的范围内发生时，局部击穿过程很快，将产生很陡的脉冲电流。脉冲电流将流经变压器的铁心、夹件或套管末屏接地线，同时会在垂直于电流传播方向的平面上产生磁场。变压器高频局部放电检测原理是通过在变压器铁心、夹件或套管末屏接地线上安装高频电流传感器和相位信息传感器，从局部放电产生的磁场中耦合能量，再经线圈转化为电信号，从而检测判断变压器的局部放电缺陷，如图2-5所示。

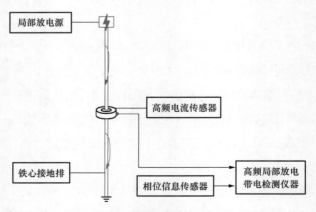

图 2-5　变压器高频局部放电检测原理图

2.2.2 变压器高频局部放电检测现场操作

2.2.2.1 变压器高频局部放电检测仪组成及工作原理

变压器高频局部放电检测仪由高频电流传感器、相位信息传感器、信号采集单元、信号处理单元和数据处理终端等构成。

高频电流传感器完成对局部放电信号的接收，一般使用钳式高频电流互感器；相位信息传感器同步采集工频参考相位；信号采集单元完成对信号滤波放大等处理，并将局部放电和相位信息模拟信号转化成为数字信号；信号处理单元集成局部放电数据的分析；数据处理终端完成信息展示和检测仪器的人机交互。变压器高频局放检测仪的组成框图如图 2-6 所示。

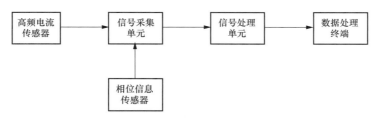

图 2-6　变压器高频局部放电检测仪结构图

2.2.2.2 主要功能和技术指标

1. 主要功能

（1）具备连续测量能力，内外两种同步模式，能识别和抑制干扰，拥有局部放电波形和数值两种显示功能。

（2）具有放电相位、幅值、放电频次信息显示功能。

（3）具备数据保存功能，可实现数据、图像的动态回放和无线传输。

（4）检测仪器具备抗外部干扰的功能。

（5）按预设程序定时采集和存储数据的功能。

（6）宜具备检测图谱显示。提供局部放电信号的幅值、相位、放电频次等信息中的一种或几种，并可采用波形图、趋势图等谱图中的一种或几种进行展示。

（7）宜具备放电类型识别功能，具备模式识别功能的仪器应能判断容性设备中的典型局部放电类型（自由金属颗粒放电、悬浮电位体放电、沿面放电、绝缘件内部气隙放电、金属尖端放电等），或给出各类局部放电发生的可能性，诊断结果应当简单明确。

（8）电池工作时间：充满电后连续工作时间不小于 6 h。

2. 技术指标

（1）检测频率范围：通常选用 3MHz~30MHz 之间。

（2）检测灵敏度：不大于 –100dB/10pC。

（3）高频电流传感器需有较强的抗工频磁饱和能力。

2.2.2.3 现场检测应满足的要求

1. 检测人员要求

（1）熟悉高频局部放电检测的基本原理、诊断程序和缺陷定性的方法，了解高频局部放电检测仪的技术参数和性能，掌握高频局部放电检测仪的操作程序和使用方法。

（2）了解被测电力设备的结构特点、运行状况和导致设备故障的基本因素。

（3）熟悉变压器高频局部放电检测技术标准，接受过高频局部放电带电检测的培训，具备现场检测能力。

（4）熟悉并能严格遵守电力生产和工作现场的相关安全管理规定。

2. 现场检测安全要求

（1）应执行 Q/GDW 1799.1《国家电网公司电力安全工作规程（变电部分）》。

（2）检测至少由两人进行，并严格执行保证安全的组织措施和技术措施。

（3）应有专人监护，监护人在检测期间应始终行使监护职责，不得擅离岗位或兼职其他工作。

（4）应确保操作人员及测试仪器与变压器的高压部分保持足够的安全距离。

（5）雷雨天气应暂停检测工作。

3. 检测条件要求

为确保安全生产，特别是确保人身安全，在严格执行电力相关安全标准和安全规定外，还应注意以下几点：

（1）被检变压器上无其他作业。

（2）被检变压器的金属外壳及接地引线应可靠接地，并与检测仪器和传感器绝缘良好。

（3）检测过程中应尽量避免其他干扰源（如偏磁电流）带来的影响。

（4）对同一设备应保持每次测试点的位置一致，以便于进行比较分析。

4. 检测周期要求

变压器高频局部放电检测周期要求如下：

（1）新设备投运后 1 周内。

（2）必要时。

2.2.2.4 检测流程及注意事项

1. 检测准备

（1）检测仪器应在检测有效期内使用，保证仪器电量充足或者现场交流电源满足仪器使用要求。

（2）选择铁心接地线、夹件接地线和套管末屏引下线上安装高频局部放电传感器，如图 2-7 所示。一般相位信息传感器可安装在同一接地线上或者检修电源箱等处，如图 2-8 所示，传感器安装时应保证电流入地方向与传感器标记方向一致。

图 2-7 选取测试位置（图为铁心接地线）

图 2-8 从检修电源获取相位信息

2. 检测步骤

（1）背景噪声测试。测试前将仪器调节到最小量程，测量空间背景噪声值并记录，如图 2-9 所示。

图 2-9 测量空间背景噪声值

（2）对于有触发电平设置功能的仪器，测试中应根据现场背景干扰的强弱适当设置触发电平，使得触发电平高于背景噪声。测试时间不少于 60s，记录并存储检测数据，填写检测记录，如图 2-10 所示。

（3）对于异常的检测信号，可以使用诊断型仪器进行进一步诊断分析，也可以结合其他检测方法进行综合分析。

2.2.2.5 数据记录及试验报告编制

检测时应按照表 2-6 记录原始试验数据，试验完成后编制检测报告，应保证数据准确完整，分析过程清晰，结论明确。

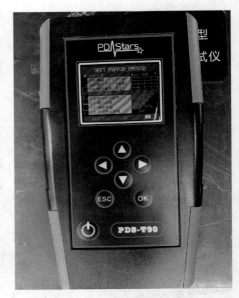

图 2-10 测试并保存数据

表 2-6 变压器高频局部放电检测报告

一、基本信息			
变电站	委托单位	试验单位	运行编号
试验性质	试验日期	试验人员	试验地点
报告日期	编制人	审核人	批准人
试验天气	环境温度（℃）	环境相对湿度（%）	

二、设备铭牌			
生产厂家		出厂日期	出厂编号
设备型号		额定电压 (kV)	

三、检测数据				
序号	间隔名称	设备名称和相位	图谱文件	是否存在放电信号（打勾）	测试值（峰值）
1			图谱	是 / 否	
2			图谱	是 / 否	

三、检测数据					
3			图谱	是 / 否	
4			图谱	是 / 否	
5			图谱	是 / 否	
6			图谱	是 / 否	
7			图谱	是 / 否	
8			图谱	是 / 否	
9			图谱	是 / 否	
10			图谱	是 / 否	
特征分析					
检测仪器					
结论					
备注					

2.2.2.6 检测数据分析方法

首先根据相位图谱特征判断测量信号是否具备典型放电图谱特征或与背景或其他测试位置有明显不同,若具备,继续如下分析和处理:

(1)变压器局放信号的横向对比。同一变电站内的不同变压器可以做横向比较,其测试幅值和测试谱图应相似。

(2)同一台变压器历史数据的纵向对比。通过在较长的时间内多次测量同一台变压器的局部放电信号,可以跟踪设备的绝缘状态劣化趋势,如果测量值有明显增大,或出现典型局部放电谱图,可判断此测试点内存在异常。典型放电图谱参见附录 A。

若检测到有局部放电特征的信号,当放电幅值较小时,判定为异常信号;当放电特征明显,且幅值较大时,判定为缺陷信号。必要时,应结合特高频、超声波局部放电和油气成分分析等方法对被测变压器进行综合分析。

2.2.3　典型案例分析

2.2.3.1　案例概述

本案例对一起变压器末屏接地不良缺陷的分析处理过程进行了讨论。在该过程中，采用多种带电检测手段对其进行综合诊断，之后采取必要措施及时消除缺陷，保证了设备的安全稳定运行。

2.2.3.2　异常缺陷的发现及诊断

1.异常缺陷的发现

在对某 110kV 变电站进行带电检测的过程中，发现其中一台变压器高频局部放电存在异常。在该台主变压器铁心、夹件接地引下线以及主变压器附近的接地引下线处均能测到局部放电信号，局部放电检测图谱如图 2-11 所示。

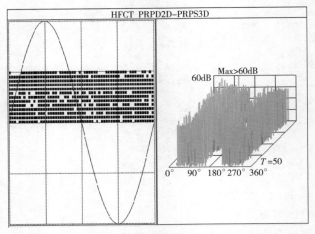

图 2-11　高频局部放电检测 PRPD 及 PRPS 图谱

从高频局部放电检测图谱中可以看出，该局部放电信号在一个工频周期内出现两簇信号脉冲，脉冲正负半周对称，相位相关性强，脉冲幅值大，超过了仪器的量程 60dB，检测图谱符合悬浮放电典型图谱特征。

2.高频局部放电异常的诊断

在发现该变压器高频局部放电信号异常后，检测人员采用了多种带电检测手段对该变压器进行诊断分析。

（1）特高频局部放电检测。在该变压器周围通过手持特高频传感器进行特高频局部放电检测，检测过程中不断调整传感器方向，未发现异常。

（2）红外热成像检测。对该变压器进行红外热成像检测，发现其 C 相高压套管末屏存在异常发热。红外热成像检测图谱如图 2-12 所示。

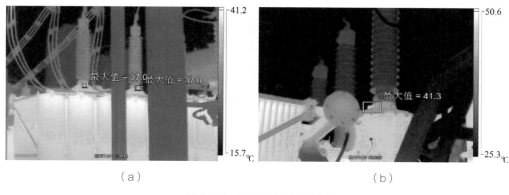

（a）　　　　　　　　　　　　　（b）

图 2-12　红外热成像检测图谱
（a）A、B 相套管末屏；（b）C 相套管末屏

从红外热成像图谱中可以看出 C 相高压套管末屏处相较周边结构存在一个明显发热点，且相比 A、B 相高压套管末屏存在 4.3℃ 的温差，表明 C 相高压套管末屏可能存在接地不良情况。

（3）紫外成像检测。对该变压器进行紫外成像检测，检测未发现异常。

（4）超声波局部放电检测。对该变压器进行超声波局部放电检测，在 C 相高压套管下方的升高座处存在超声局部放电异常，出于检测人员安全考虑没有将超声波传感器贴至升高座上方。测点如图 2-13 所示。

图 2-13　超声波局部放电检测测点

该处超声波局部放电检测数据如表 2-7 所示，超声波局部放电检测图谱符合悬浮放

电典型图谱特征，表明该变压器 C 相升高座周围可能存在局部放电。

表 2-7   超声波局部放电检测数据   （单位：mV）

检测位置	有效值	周期最大值	频率成分 1	频率成分 2
背景	0.5	1.1	0	0
测点	1.2	3.1	0	0.4

（5）声电联合定位。为获得局部放电源的具体位置，将 3 路超声波传感器、1 路高频传感器接入示波器，用示波器进行声电联合定位。高频传感器钳在该变压器铁心的接地引下线上，3 路超声波传感器纵向分布在 C 相升高座上，具体布置如图 2-14 所示。采用高频传感器脉冲触发信号，通过观察 3 路超声波信号到达示波器的先后顺序确定局部放电源的大致方位，通过计算超声波信号与高频信号到达示波器的时间差估算局部放电源距离超声波传感器的距离。示波器声电联合定位图谱如图 2-15 所示，图中黄线为高频信号，红、紫、绿线对应图 2-14 中的 3 个超声波传感器。

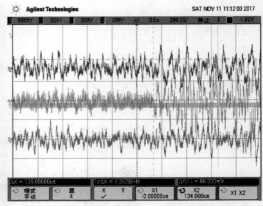

图 2-14　超声波传感器布置图　　　　图 2-15　示波器声电联合定位图谱

从示波器声电联合定位图谱可发现，红线略微领先紫线和绿线到达示波器，表示局部放电源离红色超声波传感器最近，红线与黄线到达示波器的时差 Δt 为 136μs。取声波在铸铁中传播速度 v 为 4400m/s，通过公式（2-1）计算得局部放电源距离红色超声波传感器的传播路径长度 L

$$L = v\Delta t \tag{2-1}$$

（6）综合分析判断。

则可计算得 L 为 0.598m。根据高频局部放电检测、红外热成像检测、超声波局部放电检测及声电联合定位的结果，综合判断该变压器 C 相高压套管末屏存在接地不良，产生悬浮放电。而紫外成像检测与特高频检测没有发现异常，可能是由于末屏外有金属材质的盖帽，放电产生的光子无法穿透，同时屏蔽了放电产生的特高频信号。

2.2.3.3　异常处理

1. 停电解体检查

将该变压器停电后，打开 C 相高压套管末屏盖帽进行检查，发现末屏导电杆及接地铜套表面覆盖着一层铜绿，末屏盖帽内积有大量金属碎屑，铝外壳与末屏盖帽内均有放电烧蚀痕迹，如图 2-16 所示。测量末屏接地铜套对铝外壳的电阻，阻值为 $2M\Omega$，证实接地不良。

图 2-16　末屏构件及盖帽内的金属粉末

2. 原因分析及缺陷处理

该高压套管末屏的接地方式为内置连接型式，结构如图 2-17 所示。结合该套管末屏的结构对产生缺陷的原因进行分析，判断为由于密封件老化，雨水及潮气进入末屏结构内部，使得接地铜套与铝外壳的接触面逐渐氧化，导致末屏接地不良。

另外，对高压套管进行介质损耗及绝缘电阻试验，试验未发现异常。对高压套管油样进行油色谱检测，检测未发现异常，检测结果如表 2-8 所示。证明套管内部无放电现象，随后对末屏进行更换处理并将该变压器复役。

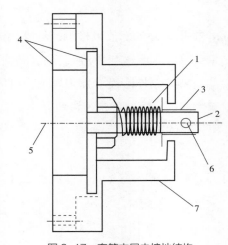

图 2-17　套管末屏内接地结构
1—复位弹簧；2—末屏导电杆；3—接地铜套；4—密封件；
5—末屏引线；6—定位孔；7—铝外壳

表 2-8 　　　　　　　　　　三相套管油样油色谱检测结果 　　　　　　　（单位：μL/L）

相别	CH_4	C_2H_4	C_2H_6	H_2	CO	CO_2
A 相	8.25	0.11	12.58	30.51	440.2	855.45
B 相	7.03	0.1	13.27	23.97	409.11	856.62
C 相	8.63	0.18	11.61	55.26	441.6	1049.53

3. 复测

在该变压器复役后对其进行带电检测复测，检测项目包括存在异常的高频局部放电检测、红外热成像检测、超声波局部放电检测。所有检测项目均未发现异常，证明该缺陷已消除。

3 开关柜带电检测

3.1 开关柜暂态地电压局部放电检测

3.1.1 开关柜暂态地电压局部放电检测概述

开关柜是城市配电网中的重要基础设施，它位于变电站主变压器低压侧，是主变压器与负荷用户的连接导体，其主要作用是进行开合、控制和保护用电设备。其运行的稳定性直接影响到城市经济的发展以及人民生活水平质量的提高，其设备可靠性直接决定了用户供电的可靠性。

状态检修是提高供电设备可靠性的重要技术手段。但是，开关柜不可能采取像高压变压器、GIS设备那样的在线监测技术路线，实现全面、实时的在线监测，而针对高压开关柜的例行停电检修周期较长，因此，开展开关柜带电检测是有效发现其潜伏性放电故障、确保设备可靠运行的重要手段。

高压电气设备发生局部放电时，放电量往往先聚集在与接地点相邻的接地金属部位，形成对地电流，在设备的金属表面上传播。对于内部放电，放电量聚集在接地屏蔽的内表面，屏蔽连续时在设备外部很难检测到放电信号，但屏蔽层通常在绝缘部位、垫圈连接、电缆绝缘终端等部位不连续，局部放电的高频信号会由此传输到设备屏蔽外壳。根据麦克斯韦电磁场理论，局部放电现象的发生生出变化的电场，变化的电场激起磁场，而变化的磁场又会感应出电场，这样，交替的电场与磁场相互激发并向外传输形成电磁波。当开关柜的内部元件对地绝缘发生局部放电时，产生一个暂态对地电压（TEV）信号，小部分放电能量会以电磁波的形式转移到柜体的金属铠装上，因柜体接地，电磁波在开关柜外表面感应出高频电流，然后利用电容耦合测量出幅值及脉冲。

3.1.2 开关柜暂态地电压局部放电检测现场操作

3.1.2.1 开关暂态地电压柜局部放电检测仪组成及工作原理

开关柜暂态地电压局部放电检测仪一般由传感器、数据采集单元、数据处理单元、显示单元、控制单元和电源管理单元等组成，如图 3-1 所示。

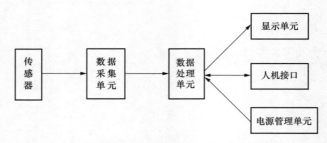

图 3-1　开关柜暂态地电压局部放电检测仪组成结构

当开关柜内的固体绝缘发生破坏产生局部放电时会产生高频暂态电磁辐射，这种高频的电磁辐射会在开关柜表面与地电位之间感应暂态电位差，通过检测并分析这种暂态地电压可以判断开关柜内的绝缘是否发生局部放电。

3.1.2.2　主要功能和技术指标

1. 主要功能

（1）可显示暂态地电压信号幅值大小。

（2）具备报警阈值设置及告警功能。

（3）若使用充电池电供电，充电电压为 220V、频率为 50Hz，充满电后单次连续使用时间不少于 4h。

（4）应具有仪器自检功能。

（5）应具有数据存储和检测信息管理功能。

（6）应具有脉冲计数功能。

（7）宜具有增益调节功能，并在仪器上直观显示增益大小。

（8）宜具有定位功能。

（9）宜具有图谱显示功能，显示脉冲信号在工频 0~360° 相位的分布情况，具有参考相位测量功能。

（10）宜具备状态评价功能，提供局部放电信号的幅值、相位、放电频次等信息中的一种或几种，并可采用波形图、趋势图等谱图中的一种或几种进行展示。

（11）宜具备放电类型识别功能，判断绝缘沿面放电、绝缘内部气隙放电、金属尖端放电等放电类型，或给出各类局部放电发生的可能性，诊断结果应当简单明确。

2. 技术指标

（1）检测频率范围：3MHz~100MHz。

（2）检测灵敏度：1dBmV。

（3）检测量程：0dBmV~60dBmV。

（4）检测误差：不超过 ±2dBmV。

3.1.2.3 现场测试应满足的要求

1. 检测人员要求

（1）接受过暂态地电压局部放电带电检测培训，熟悉暂态地电压局部放电检测技术的基本原理、诊断分析方法，了解暂态地电压局部放电检测仪的工作原理、技术参数和性能，掌握暂态地电压局部放电检测仪的操作方法，具备现场检测能力。

（2）了解被测开关柜的结构特点、工作原理、运行状况和导致设备故障的基本因素。

（3）具有一定的现场工作经验，熟悉并能严格遵守电力生产和工作现场的相关安全管理规定。

（4）检测当日身体状况和精神状况良好。

2. 现场检测安全要求

（1）应执行 Q/GDW 1799.1《国家电网公司电力安全工作规程（变电部分）》，检修人员填写变电站第二种工作票，运维人员使用维护作业卡。

（2）暂态地电压局部放电带电检测工作不得少于两人。工作负责人应由有检测经验的人员担任，开始检测前，工作负责人应向全体工作人员详细布置检测工作的各安全注意事项；应有专人监护，监护人在检测期间应始终履行监护职责，不得擅离岗位或兼职其他工作。

（3）雷雨天气禁止进行检测工作。

（4）检测时，检测人员和检测仪器应与设备带电部位保持足够的安全距离。

（5）检测人员应避开设备泄压通道。

（6）在进行检测时，要防止误碰误动设备。

（7）测试时人体不能接触暂态地电压传感器，以免改变其对地电容。

（8）检测中应保持仪器使用的信号线完全展开，避免与电源线（若有）缠绕在一起；收放信号线时禁止随意舞动，并避免信号线外皮受到刮蹭。

（9）在使用传感器进行检测时，应戴绝缘手套，避免手部直接接触传感器金属部件。

（10）检测现场出现异常情况（如异音、电压波动、系统接地等），应立即停止检测工作并撤离现场。

3. 检测条件要求

（1）环境温度宜在 −10℃~40℃。

（2）环境相对湿度不高于 80%。

（3）禁止在雷电天气进行检测。

（4）室内检测应尽量避免气体放电灯、排风系统电机、手机、相机闪光灯等干扰源对检测的影响。

（5）通过暂态地电压局部放电检测仪检测到的背景噪声幅值较小，不会掩盖可能存在的局部放电信号，不会对检测造成干扰；若测得背景噪声较大，可通过改变检测频段降低测得的背景噪声值。

（6）开关柜处于带电状态，开关柜投入运行超过 30min，开关柜金属外壳清洁并可靠接地，开关柜上无其他外部作业。

（7）退出电容器、电抗器开关柜的自动电压控制系统（AVC）。

4. 检测周期要求

（1）新投运和解体检修后的设备，应在投运后 1 个月内进行一次运行电压下的检测，记录开关柜每一面的测试数据作为初始数据，在以后测试中作为参考。

（2）检测至少一年一次。

（3）对存在异常的开关柜设备，在该异常不能完全判定时，可根据开关柜设备的运行工况缩短检测周期。

3.1.2.4　检测流程及注意事项

1. 检测准备

开关柜局部放电带电检测准备工作如下：

（1）检测前，应了解被测设备数量、型号、制造厂家、安装日期等信息以及运行情况。

（2）配备与检测工作相符的图纸、上次的检测记录、标准作业卡。

（3）现场具备安全可靠的检修电源。

（4）检查环境、人员、仪器、设备、工作区域满足检测条件。

（5）按国家电网公司安全生产管理规定办理工作许可手续。

（6）检查仪器完整性和各通道完好性，确认仪器能正常工作，保证仪器电量充足或者现场交流电源满足仪器使用要求。

2. 检测步骤

开关柜局部放电带电检测步骤如下：

（1）有条件情况下，关闭开关室内照明及通风设备，以避免对检测工作造成干扰。

（2）检查仪器完整性，按照仪器说明书连接检测仪器各部件，将检测仪器开机。

（3）开机后，运行检测软件，检查界面显示、模式切换是否正常稳定，如图 3-2 所示。

图 3-2　暂态地电压局部放电检测模式选择

（4）进行仪器自检，确认暂态地电压传感器和检测通道工作正常。

（5）若具备该功能，设置变电站名称、开关柜名称、检测位置并做好标注。

（6）测试环境（空气和金属）中的背景值，如图 3-3 所示。一般情况下，测试金属背景值时可选择开关室内远离开关柜的金属门窗；测试空气背景时，可在开关室内远离开关柜的位置放置一块 20cm×20cm 的金属板，将传感器贴紧金属板进行测试。

图 3-3　局部放电背景值测量

（7）每面开关柜的前面和后面均应设置测试点，具备条件时（例如一排开关柜的第一面和最后一面）在侧面设置测试点，检测位置可参考图 3-4。

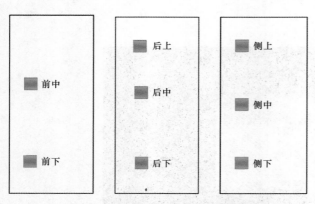

图 3-4　暂态地电压局部放电检测推荐检测位置

图 3-5　检测暂态地电压局部放电信号

（8）确认洁净后，施加适当压力将暂态地电压传感器紧贴于金属壳体外表面；检测时传感器应与开关柜壳体保持相对静止，人体不能接触暂态地电压传感器；检测方式如图 3-5 所示，应尽可能保持每次检测点的位置一致，以便于进行比较分析。

（9）在显示界面观察检测到的信号，待读数稳定后，如果发现信号无异常，幅值较低，则记录数据，继续下一点检测。

（10）如存在异常信号，则应在该开关柜进行多次、多点检测，查找信号最大点的位置，记录异常信号和检测位置。

（11）出具检测报告，对于存在异常的开关柜隔室，应附检测图片和缺陷分析。

3.1.2.5　数据记录及试验报告编制

检测时应按照表 3-1 记录原始试验数据，试验完成后编制测试报告，应保证数据准确完整，分析过程清晰，结论明确。当检测到异常时，需对该设备相邻的同型设备的相同位置进行检测并分别建文件进行信号幅值和放电波形的记录；每个记录部位应记录不少于 5 个信号幅值数据和 3 张放电波形图谱，且应尽量在减少外界干扰的情况下进行，以便于信号诊断分析。

表 3-1　　　　　　　　　　　开关柜暂态地电压局部放电检测报告

一、基本信息						
变电站		委托单位		试验单位		
试验性质		试验日期		试验人员		试验地点
报告日期		编制人		审核人		批准人

续表

一、基本信息											
试验天气		温湿度			背景噪声						

二、设备铭牌

设备型号		生产厂家			额定电压		
投运日期		出厂日期					

三、检测数据

序号	开关柜编号	前中	前下	后上	后中	后下	侧上	侧中	侧下	负荷	备注	结论
1	前次											
	本次											
2	前次											
	本次											
3	前次											
	本次											
特征分析												
背景值												
仪器厂家												
仪器型号												
仪器编号												
备注												

3.1.2.6 检测数据分析方法

1.检测结果分析方法可采取纵向分析法和横向分析法

（1）纵向分析法：对同一开关柜不同时间的测试结果进行比较，从而判断开关柜的运行状况。需要电力工作人员周期性地对开关室内开关柜进行检测，并将每次检测的结果存档备份，以便于分析。

（2）横向分析法：对同一个开关室内同类开关柜的测试结果进行比较，从而判断开关柜的运行状况。当某一开关柜个体测试结果大于其他同类开关柜的测试结果和环境背景值时，推断该设备有存在缺陷的可能。

2. 暂态地电压结果判断指导原则

（1）若开关柜检测结果与环境背景值的差值大于 20dBmV，需查明原因。

（2）若开关柜检测结果与历史数据的差值大于 20dBmV，需查明原因。

（3）若本开关柜检测结果与邻近开关柜检测结果的差值大于 20dBmV，需查明原因。

3.1.3 典型案例分析

3.1.3.1 案例概述

某 220kV 变电站 35kV 开关柜进行局部放电带电检测，开关柜的型号为 Uni Gear ZS3.2，2009 年 12 月投运。现场运行情况：Ⅰ段母线和Ⅱ段母线运行，母线分段断路器断开，母线分段隔离室内无隔离手车。测试过程中发现 35kV 开关柜室局部放电量较大，测试结果见表 3-2。

表 3-2　　　　　　　　　　　　　开关柜 TEV、超声检测数据

间隔	TEV（dBmV）	超声值（dBμV）
背景	20	-7
35kV Ⅱ段母线避雷器	28	-5
4 号电容器开关	28	-6
3 号电容器开关	24	-6
2 号接地变压器开关	21	-6
2 号主变压器 35kV 断路器	30	-3
35kV 母线分段隔离	28	-3
35kV 母线分段断路器	28	9
1 号电抗器开关	41	16
1 号主变压器 35kV 断路器	48	28
1 号电容器开关	42	-6
1 号接地变压器	42	-6
35kV Ⅰ段母线避雷器	39	-12

3.1.3.2 高频 TA 对局部放电信号进行检测

1 号主变压器 35kV 开关间隔 TEV 测试值最大，且 1 号主变压器 35kV 侧是通过电缆接至 35kV 开关室的，通过高频 TA 对开关室外电缆沟中的进线电缆进行了检测，亦可

测得脉冲信号,如图 3-6 通道 A 所示。

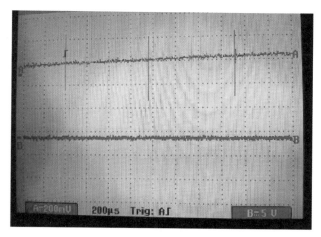

图 3-6 高频 TA 测得的放电信号

3.1.3.3 特高频传感器对局部放电信号的检测

由于特高频传感器具有良好的抗干扰能力,因此为了排除现场干扰的影响,利用特高频传感器对局部放电信号进行进一步的测试。为了排除柜体外壁对测试的影响,测试点为开关柜下方观察窗处,通过示波器对信号进行观测,如图 3-7 所示。

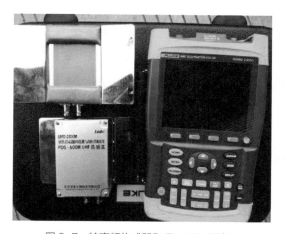

图 3-7 特高频传感器和 FLUKE 示波器

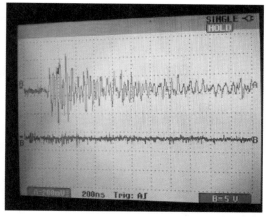

图 3-8 特高频传感器测得的局放信号

所测得的局部放电信号,如图 3-8 中 A 通道波形。

因高频 TA 安装的位置和特高频传感器测试的位置较远,无法将两种测试方法测得的数据同时进行比较,因此无法从时域一致性对信号进行进一步的判断。但通过多种检测手段测得的信号的综合判断,已可初步确定柜体内存在局部放电信号。

3.1.3.4 局部放电点定位

为了进一步确定故障点的位置，采用两个特高频传感器对局部放电信号进行定位。两个传感器测得的放电信号如图 3-9 所示。通过计算，确定放电位置确在 1 号主变压器 35kV 开关柜处，与 TEV 测试方法所定的点基本相符。

根据上述多种检测手段所测得的结果，判断为 1 号主变压器 35kV 开关柜附近存在放电现象。

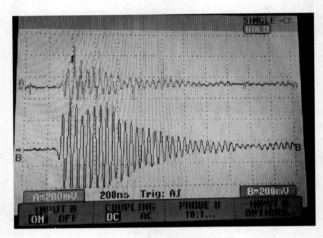

图 3-9 特高频传感器定位图

3.1.3.5 开关柜停电检查

4 月 9 日，安排 I 段母线停运，并进行分相耐压试验。采用 $35/\sqrt{3}$ kV 的交流电压，模拟设备运行时的电压进行试验。在 A 相试验时，发现 1 号主变压器 35kV 断路器和 1 号电抗器开关的穿柜套管处有明显放电声响。对开关柜进行开盖检查，如图 3-10 所示，发现母线在穿柜套管靠 1 号主变压器 35kV 断路器一侧存在明显放电痕迹。等电位弹簧片与穿柜套管内壁接触不良，出现悬浮放电，受放电影响已出现缺口，如图 3-11 所示。

图 3-10 母线放电痕迹

图 3-11 等电位弹簧片放电破损

对穿柜套管进行解体，发现套管内壁有灰色粉尘，受局部放电影响，内壁形成一个深达 4mm 的深坑，烧损面积约 6cm²，如图 3-12 所示。

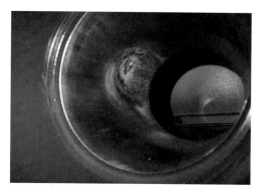

图 3-12　穿柜套管内均压环放电烧损情况

该缺陷产生的主要原因是设备安装质量不良，同时厂家的设计工艺也有不完善之处。该缺陷已严重危及 35kV 母线的正常运行，若不及时处理，放电将加剧并最终导致母线对地放电。

4 月 10 日，更换受损部位后进行分相耐压试验，试验合格。线路投运后再次进行 TEV、超声局部放电测试，各个间隔都处于较低的局部放电水平，测试结果如表 3-3 所示。

表 3-3　　　　　　　　　　开关柜 TEV、超声复测数据

间隔	TEV（dBmV）	超声（dBμV）
背景	18	-8
35kV Ⅱ段母线避雷器	24	-7
4 号电容器开关	25	-4
3 号电容器开关	23	-5
2 号接地变压器开关	22	-4
2 号主变压器 35kV 断路器	21	-4
35kV 母分隔离	22	-3
35kV 母分开关	24	-4
1 号电抗器开关	26	-5
1 号主变压器 35kV 断路器	23	-5

间隔	TEV（dBmV）	超声（dBμV）
1号电容器开关	24	-6
1号接地变压器	27	-6
35kVⅠ段母线避雷器	21	-9

3.1.3.6　分析总结

（1）针对开关柜进行的局部放电测试是有效的，能够及时发现放电隐患，为检修决策提供数据支持。

（2）针对现场的具体情况，多种检测手段在开关柜局部放电检测中灵活搭配运用，具有一定的互补性，能够增加诊断的可靠性、准确性。

（3）对于部分类型的放电，可能会有间歇性、隐蔽性等特征，不易发现。检测中应保持谨慎认真的态度，不放过任何一处可能的放电缺陷。

（4）类似的放电缺陷已发现多起，说明母线与穿板套管内壁的连接是较薄弱之处。应联系厂家改进设计工艺，增强连接弹簧片与穿板套管内壁的接触可靠性。

（5）对电气设备的安装质量验收应严格把关，特别是母线与穿板套管的位置应保持同心，通过接触电阻的测试等手段保证接触良好可靠，并进行其他必要的试验确认，尽量杜绝安装不当造成的缺陷。

3.2　开关柜超声波局部放电检测

3.2.1　开关柜超声波局部放电检测概述

局部放电前，开关柜内放电点周围的电场应力、介质应力、粒子力处于相对平衡状态。局部放电是一种快速的电荷释放或迁移过程，导致放电点周围的电场应力、机械应力与粒子力失去平衡状态而产生振荡变化。机械应力与粒子力的快速振荡导致放电点周围介质的振动，从而产生声波信号，而振动幅度或声音强度也会直接反映出电荷释放的多少，即局部放电量。一般固体与液体的振动幅度较小，而气体的振动幅度较大。振动或声音信号的传播过程也是有损耗的，传播途径的差异会导致超声波强度与放电强度之间呈现复杂的比例关系。

超声波检测技术主要涉及超声波的发射和接收，此功能主要由超声传感器来实现。最常用的超声波传感器是压电式的，其利用压电材料的压电效应原理：当外施电压作用于压电材料时，会导致压电材料发生随电压和频率而变化的机械变形；当外部振动引起压电材料机械变形时，也会在其两端产生电荷。利用这一原理，给双压电晶片元件施加电压信号时，就会因弯曲振动发射出超声波；向双压电晶片施加超声振动时，就会产生电信号。利用此原理，再结合相应的信号调制技术，就能实现对局部放电超声波信号的检测，以此判断局部放电量的大小。

3.2.2 开关柜超声波局部放电检测现场操作

3.2.2.1 开关柜超声波局部放电检测仪组成及工作原理

局部放电超声波检测仪一般由超声波传感单元和检测主机两部分组成。超声波传感单元包括超声波传感器和前置调理器，检测设备局部放电时的超声波信号。检测主机由数据采集单元、控制与处理单元、存储单元、人机交互单元和辅助单元组成，如图 3-13 所示，完成传感器信号的调理和模数转换，检测分析过程的控制，检测数据的处理分析，检测数据的存储和导入导出，检测设置、信息显示、测试信息录入和储能电池管理等。

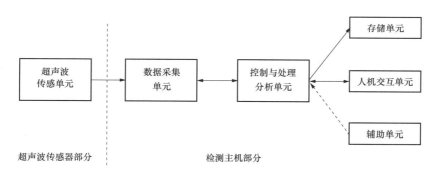

图 3-13 开关柜超声波局部放电测试仪组成结构

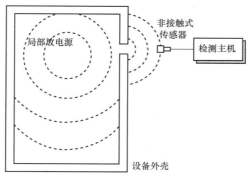

图 3-14 开关柜超声波局部放电测试仪检测原理

开关柜内部的固体绝缘发生外部闪络或者爬电时会有超声波效应，通过探测这种沿面的局部放电所产生的特征频段超声波可以判断开关柜内的绝缘是否完好，如图 3–14 所示。

3.2.2.2 主要功能和技术指标

1. 主要功能

在开关柜正常运行情况下，能够检测超声波局部放电信号，应具备以下 5 种检测模式：

（1）连续模式：能够显示信号幅值大小、50Hz/100Hz 频率相关性。

（2）时域模式：能够显示信号幅值大小及信号波形。

（3）相位模式：能够反映超声波信号相位分布情况。

（4）飞行模式：能够反映自由微粒运动轨迹。

（5）特征指数模式：能够反映超声波信号发生时间间隔。

同时宜具备以下高级功能：

（1）可记录背景噪声并与检测信号实时比较。

（2）具有放大倍数调节功能，并在仪器上直观显示放大倍数大小。

（3）应具备抗外部干扰的功能。

（4）宜具备内、外同步功能，从而在相位模式下对检测信号进行观察和分析。

（5）可进行时域与频域的转换。

（6）宜具备检测图谱显示功能，提供局部放电信号的幅值、相位、放电频次等信息中的一种或几种，并可采用波形图、趋势图等谱图中的一种或几种进行展示。

（7）宜具备放电类型识别功能，具备模式识别功能的仪器应能判断设备中的典型局部放电类型（自由金属微粒放电、悬浮电位放电、沿面放电、绝缘内部气隙放电、金属尖端放电等），或给出各类局部放电发生的可能性，诊断结果应当简单明确。

2. 技术指标

（1）灵敏度：峰值灵敏度一般不小于 60dB[V/（m/s）]，均值灵敏度一般不小于 40dB[V/（m/s）]。

（2）检测频带：非接触方式的超声波检测仪，在 20kHz~60kHz 范围内。

（3）线性度误差：不大于 ±20%。

（4）稳定性：局部放电超声波检测仪连续工作 1h 后，注入恒定幅值的脉冲信号时，其响应值的变化不应超过 ±20%。

3.2.2.3 现场测试应满足的要求

1. 检测人员要求

（1）接受过超声波局部放电带电检测培训，熟悉超声波局部放电检测技术的基本原理、诊断分析方法，了解超声波局部放电检测仪器的工作原理、技术参数和性能，掌握超声波局部放电检测仪器的操作方法，具备现场检测能力。

（2）了解被测设备的结构特点、工作原理、运行状况和导致设备故障的基本因素。

（3）具有一定的现场工作经验，熟悉并能严格遵守电力生产和工作现场的相关安全管理规定。

（4）检测当日身体状况和精神状况良好。

2. 现场检测安全要求

（1）应严格执行 Q/GDW 1799.1《国家电网公司电力安全工作规程（变电部分）》的相关要求，检修人员填写变电站第二种工作票，运维人员使用维护作业卡。

（2）超声波局部放电带电检测工作不得少于两人；工作负责人应由有超声波局部放电带电检测经验的人员担任；开始检测前，工作负责人应向全体工作人员详细布置检测工作的各安全注意事项。

（3）对复杂的带电检测或在相距较远的几个位置进行工作时，应在工作负责人指挥下，在每一个工作位置分别设专人监护；带电检测人员在工作中应思想集中，服从指挥。

（4）检测人员应避开设备防爆口或压力释放口。

（5）在进行检测时，要防止误碰、误动设备。

（6）在进行检测时，要保证人员、仪器与设备带电部位保持足够安全距离。

（7）防止传感器坠落而误碰设备。

（8）检测中应保持仪器使用的信号线完全展开，避免与电源线（若有）缠绕在一起；收放信号线时禁止随意舞动，并避免信号线外皮受到刮蹭。

（9）保证检测仪器接地良好，避免人员触电。

（10）在使用传感器进行检测时，如果有明显的感应电压，应戴绝缘手套，避免手部直接接触传感器金属部件。

（11）检测现场出现异常情况时，应立即停止检测工作并撤离现场。

3. 检测条件要求

（1）环境温度宜在 −10℃~40℃。

（2）环境相对湿度不宜大于 80%；若在室外，不应在有大风、雷、雨、雾、雪的环境下进行检测。

（3）在检测时应避免大型设备振动、人员频繁走动等干扰源带来的影响。

（4）通过超声波局部放电检测仪器检测到的背景噪声幅值较小、50Hz/100Hz 频率相关性（1 个工频周期出现 1 次 /2 次放电信号），不会掩盖可能存在的局部放电信号，不会对检测造成干扰。

（5）开关柜处于带电状态，开关柜投入运行超过 30min，开关柜金属外壳清洁并可靠接地，开关柜上无其他外部作业。

（6）退出电容器、电抗器开关柜的自动电压控制系统（AVC）。

4. 检测周期要求

（1）新投运和解体检修后的设备，应在投运后 1 个月内进行一次运行电压下的检测，记录开关柜每一面的测试数据作为初始数据，在以后测试中作为参考。

（2）检测至少一年一次。

（3）对存在异常的开关柜设备，在该异常不能完全判定时，可根据开关柜设备的运行工况缩短检测周期。

3.2.2.4 检测流程及注意事项

1. 检测准备

（1）检测前，应了解被测设备数量、型号、结构、制造厂家、安装日期等信息以及运行情况。

（2）配备与检测工作相符的图纸、上次的检测记录、标准作业卡、安全作业指导卡。

（3）现场具备安全可靠的检修电源，禁止从运行设备上接取检测用电源。

（4）检查环境、人员、仪器、设备、工作区域满足检测条件。

（5）按国家电网公司安全生产管理规定办理工作许可手续。

2. 检测步骤

（1）检查仪器完整性，按照仪器说明书连接检测仪各部件，将检测仪正确接地后开机。

（2）开机后，运行检测软件，检查界面显示、模式切换是否正常稳定，如图 3-15 所示。

图 3-15　检测模式选择

（3）进行仪器自检，确认超声波传感器和检测通道工作正常。

（4）设置变电站名称、设备名称、检测位置并做好标注（若具备该功能）。

（5）将检测仪调至适当量程，传感器悬浮于空气中，测量空间背景噪声并记录，如图 3-16 所示，根据现场噪声水平设定信号检测阈值。超声波检测位置一般是开关柜的缝隙和开孔处，如图 3-17 所示。

图 3-16　背景噪声测试

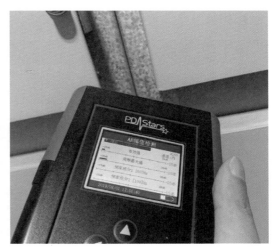

图 3-17　在开关柜缝隙或开孔处检测

（6）在显示界面观察检测到的信号，观察时间不低于 15s，如果发现信号有效值 / 峰值无异常，50Hz/100Hz 频率相关性较低，则保存数据，继续下一点检测。

（7）如果发现信号异常，则在附近进行多点检测，延长检测时间不少于 30s 并记录多组数据进行幅值对比和趋势分析；为准确进行相位相关性分析，可利用具有与运行设备相同相位关系的电源引出同步信号至检测仪器进行相位同步；亦可用耳机监听异常信号的声音特性，根据声音特性的持续性、频率高低等进行初步判断，并通过按压可能振动的部件，初步排除干扰。对于存在异常的开关柜，应附检测图片和缺陷分析。

3.2.2.5　数据记录及试验报告编制

检测时应按照表 3-4 记录原始试验数据，试验完成后编制测试报告，应保证数据准确完整，分析过程清晰，结论明确。当检测到异常时，需对该设备相邻的同型设备的相同位置进行检测并分别建文件进行信号幅值和放电波形的记录；每个记录部位应记录不少于 5 个信号幅值数据和 3 张放电波形图谱，且应尽量在减少外界干扰的情况下进行，以便于信号诊断分析。

表 3-4 开关柜超声波局部放电检测报告

一、基本信息

变电站		委托单位		试验单位		运行编号	
试验性质		试验日期		试验人员		试验地点	
报告日期		编制人		审核人		批准人	
试验天气		环境温度 （℃）		环境相对湿度 （%）			

二、设备铭牌

生产厂家		出厂日期		出厂编号	
设备型号		额定电压（kV）			

三、检测数据

背景噪声						
序号	检测位置	检测数值	图谱文件	负荷电流（A）	结论	备注（可见光照片）
1						
2						
3						
特征分析						
背景值						
仪器厂家						
仪器型号						
仪器编号						
备注						

3.2.2.6 检测数据分析方法

1. 检测结果分析方法

可采取纵向分析法、横向分析法：

（1）纵向分析法：对同一开关柜不同时间的测试结果进行比较，从而判断开关柜的运行状况。需要电力工作人员周期性地对开关室内开关柜进行检测，并将每次检测的结果存档备份，以便于分析。

（2）横向分析法：对同一个开关室内同类开关柜的测试结果进行比较，从而判断开关柜的运行状况。当某一开关柜个体测试结果大于其他同类开关柜的测试结果和环境背景值时，推断该设备有存在缺陷的可能。

2. 超声波结果判断指导原则

（1）若开关柜检测结果小于 0dB 且没有声音信号，则说明未发现明显的放电现象，进行下一次检查。

（2）若开关柜检测结果小于 8dB 且有轻微声音信号，则说明检测到轻微的放电现象，应缩短检测周期。

（3）若开关柜检测结果大于 8dB 且有明显声音信号，则说明检测到明显的放电现象，应对设备采取相应的措施。

3.2.3 典型案例分析

3.2.3.1 案例概述

某年 2 月 26 日，检测人员在某所 2 号主变压器 35kV 断路器及临近开关柜 2 号所用变压器断路器处，使用 EA 局部放电检测仪测得较大超声波局部放电信号，在背景超声为 –5dB 的条件下，2 号主变压器 35kV 开关柜顶部测得超声波数据 24dB，2 号所用变压器开关柜顶部测得超声波数据 9dB，明显高于空气中背景及其他开关柜检测数据。

3.2.3.2 确定放电相

试验人员在 3 月 8 日开关柜 Ⅱ 段母线停电的情况下，使用 PDStars 局部放电检测仪测得超声波背景值为 –15dB。然后，利用工频交流耐压设备在 2 号主变压器 35kV 开关柜进线处逐相升压，在运行电压 $35/\sqrt{3}$ kV 下，测得 A、B 两相的超声波数据与背景值无明显差异，为 –13dB，而 C 相超声波数据已经上升至 0dB。继续升压至 35kV，可以看到 C 相超声波数据为 5dB，而 A、B 两相数据也上升到了 –4dB。至此，试验人员初步判断局部放电较大相为 C 相。

3.2.3.3 查找放电位置及处理

检修人员对开关柜后柜门以及主变压器进线排外构架进行了拆除，再次加压，发现在电压升至 50kV 时，主变压器进线排至柜内的穿柜套管 C 相处存在放电声，位置如图 3–18 所示。

检修人员对该处穿柜套管内部观察发现，进线排等电位连接弹片与穿柜套管内壁金属部分连接不牢靠，弹片有一定程度的锈蚀，如图 3–19 所示。

检修人员对该处等电位连接弹片做了打磨等处理，对 A、B 相位置也进行了相应的操作。

图 3-18　疑似放电点

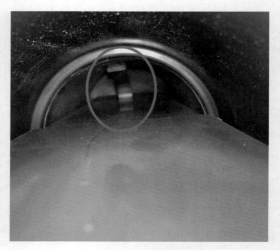

图 3-19　穿柜套管内部图

3.2.3.4　确认

待检修人员处理结束后，试验人员对该开关柜进线处再次逐相加压，在运行电压 $35/\sqrt{3}$ kV 下，测得三相的超声波数据与背景值无明显差异，为 −13dB；升压至 35kV，未见明显区别。至此，该开关柜超声波局部放电排查结束。

3.2.3.5　复测

试验人员再在 II 段母线处进行加压，升压至运行电压 $35/\sqrt{3}$ kV 下，测得三相的超声波数据与背景值无明显差异，为 −13dB；升压至 35kV，未见明显区别。试验人员判断之前该处测得超声波局部放电信号为 2 号主变压器 35kV 开关柜顶部局部放电信号的干扰所致，两开关柜问题已初步排查，待再次投运后再行安排复测。

4 GIS 设备带电检测

4.1 GIS 设备超声波局部放电检测

4.1.1 GIS 设备超声波局部放电检测概述

GIS（Gas Insulated Substation）是气体绝缘全封闭组合电器的英文简称，它将断路器或负荷开关、隔离开关及接地开关、电流互感器、电压互感器、避雷器、母线、引线套管或电缆终端盒等各元件的高压带电部位封闭在充有 SF_6 气体的接地的金属外壳中，如图 4-1 所示。

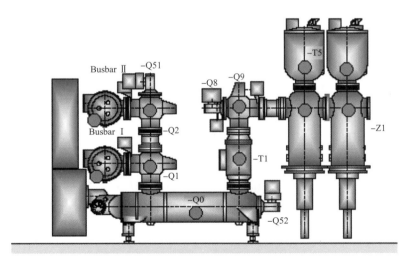

图 4-1　GIS 设备结构图

GIS 设备因为占地面积小、污染少、运行可靠性高等优点，近年来得到越来越广泛的应用。然而，GIS 设备在正式投运后采取的维护手段非常少，再加上其结构特征，一旦出现运行故障，往往需要花费更长的检修时间，造成长时间停电，产生巨大损失。

超声波局部放电检测技术是指通过对电力设备发生局部放电时产生的超声波信号进

行采集、处理和分析来获取设备运行状态的一种检测技术，经过几十年的发展，目前广泛应用于 GIS 设备局部放电检测，成为判断 GIS 设备有无绝缘劣化的重要依据。

现场测试时，影响检测数据的因素也较多，背景信号干扰、测试点选取等都可能对测试结果产生很大的影响，从而降低测量结果的可信度和稳定度。因此，现场检测时须严格遵守相关规程和导则，确保测试数据准确可靠。

GIS 设备内部局部放电信号会激发超声波信号，可以通过放置在 GIS 外壳上的超声波传感器进行检测，通过检测到的信号来诊断 GIS 内部局部放电缺陷，通常用 dBmV、mV 等单位来表征超声波信号强度。通过超声波局部放电检测进行可靠试验，能够诊断 GIS 早期绝缘状况，基于此来采取可靠措施应对，争取将故障率控制到最小。

GIS 内部典型放电缺陷可能由不同原因引起，其中，超声波检测较灵敏的主要有以下三种：

（1）电晕缺陷。该缺陷主要由设备内部导体毛刺、外壳毛刺引起，是气体中极不均匀电场所特有的一种放电现象。金属尖端可能在导体或壳体上，其中导体上的尖端危害较大，在过电压作用下存在设备击穿隐患。应根据信号幅值大小予以关注。

（2）悬浮电位缺陷。悬浮电极放电是指设备内部某一金属部件与导体（或接地体）失去电位连接，存在一较小间隙，从而产生的接触不良放电。悬浮电极放电通常伴随着悬浮部件的振动，是气体中极不均匀电场所特有的一种放电现象。

（3）自由金属颗粒。该类缺陷主要由设备安装过程或开关动作过程产生的金属碎屑而引起。在高压电场作用下，金属微粒会在设备内部做无规则运动，当微粒在高压导体和低压外壳之间跳动幅度加大时，存在设备击穿危险。该类缺陷信号有效值及周期峰值较大，50Hz 与 100Hz 频率成分较小。在脉冲检测模式观察到的飞行图具有明显的"三角驼峰"特征。

超声波检测技术指针对介于 20kHz~200kHz 区间的声信号进行采集、分析、判断的一种检测方法。局部放电时伴随着声波发射现象，在设备腔体外壁上安装超声波传感器，如图 4-2 所示，对获取的局部放电信号进行采集、处理和分析，根据信号特征来判断设备运行状态。

超声波法的优点是抗电磁干扰能力强、应用范围广、便于实现放电定位。当绝缘缺陷的主要特征信号为振动信号时，超声波检测法检测缺陷能力较为突出。

然而，超声波局部放电检测技术也存在一定不足，如对内部缺陷不敏感、受机械振动或环境噪声干扰较大、放电类型模式识别难度大，且超声信号衰减较快，检测范围有限。

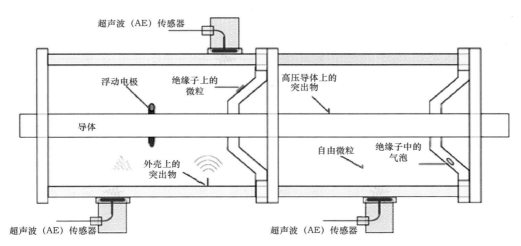

图 4-2　超声波局部放电检测示意图

4.1.2　GIS 设备超声波局部放电检测现场操作

4.1.2.1　GIS 设备超声波局部放电检测仪组成及工作原理

　　GIS 超声波局部放电检测仪一般由超声波传感器、前置信号放大器（可选）、数据采集单元、数据处理单元等组成，如图 4-3 所示。此外，还可配备绝缘支撑杆、耳机等配件。超声波传感器专用的绝缘支撑杆可以实现对高处目标的检测。耳机用于检测时监听异常信号，根据声音特性做初步判断。

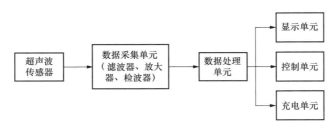

图 4-3　GIS 超声波局部放电检测仪示意图

　　1. 超声波传感器

　　超声波传感器的作用是将发声源在被探测物体表面产生的机械振动转换为电信号。GIS 设备超声波局部放电检测通常采用接触式传感器。接触式传感器一般通过超声耦合剂贴合在电力设备外壳上，检测外壳传播的超声波信号。超声波传感器是超声波法局部放电检测中的关键，在实际选用中应结合工作频带、灵敏度、分辨率等问题综合衡量。

　　2. 数据采集单元

　　数据采集单元一般包括前置信号放大器、高速 A/D 采样、数据处理电路以及数据传输模块，将采集到的模拟信号进行分析处理。数据采集系统应具有足够的采样速率和信号传输速率，并具有较快的刷新速率。

3. 数据处理单元

数据处理单元包含显示单元、控制单元和充电单元三个模块。可以利用人机交互界面将检测数据直观地显示出来，如记录信号幅值和听取放电异音；或通过特定软件将各种分析数据显示出来，供检测人员进行分析。

4.1.2.2 主要功能和技术指标

1. 主要功能

在 GIS 正常运行情况下，能够检测超声波局部放电信号，应具备以下 5 种检测模式：

（1）连续模式：能够显示信号幅值大小、50Hz/100Hz 频率相关性。

（2）时域模式：能够显示信号幅值大小及信号波形。

（3）相位模式：能够反映超声波信号相位分布情况。

（4）飞行模式：能够反映自由微粒运动轨迹。

（5）特征指数模式：能够反映超声波信号发生时间间隔。

同时宜具备以下高级功能：

（1）可记录背景噪声并与检测信号实时比较。

（2）应具有放大倍数调节功能，并在仪器上直观显示放大倍数大小。

（3）应具备抗外部干扰的功能。

（4）宜具备内、外同步功能，从而在相位模式下对检测信号进行观察和分析。

（5）可进行时域与频域的转换。

（6）宜具备检测图谱显示功能，提供局部放电信号的幅值、相位、放电频次等信息中的一种或几种，并可采用波形图、趋势图等谱图中的一种或几种进行展示。

（7）具备模式识别功能的仪器应能判断设备中的典型局部放电类型（自由金属微粒放电、悬浮电位放电、沿面放电、绝缘内部气隙放电、金属尖端放电等），或给出各类局部放电发生的可能性，诊断结果应当简单明确。

2. 技术指标

（1）灵敏度：峰值灵敏度一般不小于 60dB[V/（m/s）]，均值灵敏度一般不小于 40dB[V/（m/s）]。

（2）检测频带：用于 SF_6 气体绝缘电力设备的超声波检测仪，一般在 20kHz~80kHz 范围内；对于非接触方式的超声波检测仪，一般在 20kHz~60kHz 范围内。

（3）线性度误差：不大于 ±20%。

（4）稳定性：局部放电超声波检测仪连续工作 1h 后，注入恒定幅值的脉冲信号时，其响应值的变化不应超过 ±20%。

4.1.2.3 现场测试应满足的要求

1. 检测人员要求

（1）熟悉 GIS 超声波带电检测技术的基本原理和检测程序，了解 GIS 超声波带电检测仪的工作原理、技术参数和性能，掌握 GIS 超声波带电检测仪的操作程序和使用方法。

（2）了解被检测设备的结构特点、工作原理、运行状况和导致设备故障的基本因素。

（3）熟悉 GIS 超声波带电检测技术标准，接受过 GIS 超声波带电检测技术培训，并经相关机构培训合格。

（4）具有一定的现场工作经验，熟悉并能严格遵守电力生产和工作现场的有关安全管理规定。

2. 现场检测安全要求

（1）应执行 Q/GDW 1799.1《国家电网公司电力安全工作规程变电部分》。

（2）应有专人监护，监护人在检测期间应始终行使监护职责，不得擅离岗位或兼任其他工作。

（3）检测时应与设备带电部位保持足够的安全距离，并避开设备防爆口或压力释放口。

（4）防止传感器坠落误碰、误动设备。

（5）使用传感器进行检测时，如果有明显的感应电压，应戴绝缘手套，避免手部直接接触传感器金属部件。

3. 检测条件要求

（1）环境温度宜在 –10℃~40℃；环境相对湿度不宜大于 80%。

（2）室外工作时，不应在有大风、雷、雨、雾、雪的环境下进行检测。

（3）检测时应避免强干扰源、大型设备振动等带来的影响。

（4）GIS 设备无各种外部作业，金属外壳应清洁、无覆冰。

4. 检测周期要求

（1）新设备投运前：在耐压试验通过后，在 $1.2U_r/\sqrt{3}$ 电压下，进行一次超声局部放电检测（同时进行 $U_r/\sqrt{3}$ 电压下数据检测，作为运行数据比对）。

（2）新投运（或大修）后设备：应在投运后 1 个月内进行一次运行电压下的局部放电检测，记录每个点的检测数据作为初始数据。

（3）运行中设备：220kV 及以下，一年一次。

（4）检测到 GIS 有异常信号但不能完全判定时，可根据运行工况缩短检测周期，增加检测次数，采用多种检测方法综合判别。

（5）必要时，对重要部件（断路器、隔离开关、母线等）重点检测。

4.1.2.4 检测流程及注意事项

1. 检测准备

（1）检测前，应了解被测设备数量、型号、结构、制造厂家、安装日期等信息以及运行情况。

（2）掌握被试设备历次停电试验和带电检测数据、历史缺陷、家族性缺陷、不良工况等状态信息。

（3）现场具备安全可靠的检修电源，禁止从运行设备上接取检测用电源。

（4）检查环境、人员、仪器、设备、工作区域满足检测条件。

2. 检测步骤

超声波局部放电检测流程如图 4-4 所示。

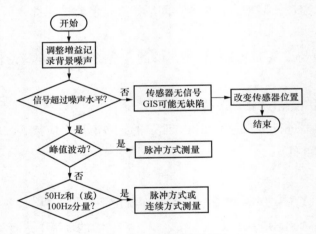

图 4-4　超声波局部放电检测流程

（1）检查仪器完整性，按照仪器说明书连接检测仪各部件，将检测仪正确接地后开机，如图 4-5 所示。

（2）开机后，运行检测软件，检查界面显示、模式切换是否正常稳定，如图 4-6 所示。

（3）进行仪器自检，确认超声波传感器和检测通道工作正常。

（4）将检测仪调至适当量程，传感器悬浮于空气中，测量空间背景噪声并记录，如图 4-7 所示，根据现场噪声水平设定信号检测阈值。

（5）将检测点选取于断路器断口处，隔离开关、接地开关、电流互感器、电压互感

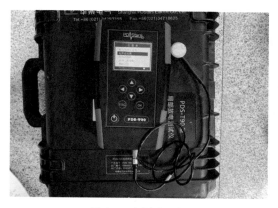

图 4-5　测试仪开机

图 4-6　检查界面显示

器、避雷器、导体连接部件以及水平布置盆式绝缘子上方部位；检测前应将传感器贴合的壳体外表面擦拭干净；检测点间隔应小于检测仪器的有效检测范围，测量时测点应选取于气室侧下方，如图 4-8 所示。

图 4-7　环境背景测试

图 4-8　选取测试点

（6）在超声波传感器检测面均匀涂抹专用检测耦合剂，施加适当压力紧贴于壳体外表面以尽量减小信号衰减。检测时传感器应与被试壳体保持相对静止。对于高处设备，可用配套绝缘支撑杆使传感器紧贴壳体外表面进行检测，但须确保传感器与设备带电部位有足够的安全距离。

（7）在显示界面观察检测到的信号，观察时间不低于 15s，如果发现信号有效值 / 峰值无异常，50Hz/100Hz 频率相关性较低，则保存数据，继续下一点检测。

（8）如发现信号异常，则在该气室进行多点检测，延长检测时间不少于 30s 并记录多组数据，进行幅值对比和趋势分析；可用耳机监听异常信号，根据声音特性的持续性、频率高低等进行初步判断，并通过按压可能振动的部件，初步排除干扰。

（9）填写设备检测数据记录表，对于存在异常的气室，应附检测图片和缺陷分析。

4.1.2.5 数据记录及试验报告编制

检测时应按照表 4-1 记录原始试验数据，或保存超声波局部放电检测原始数据。对缺陷部位应保存超声波局部放电检测原始数据，并添加可见光照片。试验完成后编制检测报告，应保证数据准确完整，分析过程清晰，结论明确。

表 4-1　　　　　　　　　　GIS 超声波局部放电检测报告

一、基本信息						
变电站	委托单位		试验单位		运行编号	
试验性质	试验日期		试验人员		试验地点	
报告日期	编制人		审核人		批准人	
试验天气	环境温度（℃）		环境相对湿度（%）			

二、设备铭牌				
生产厂家		出厂日期		出厂编号
设备型号		额定电压（kV）		

三、检测数据						
背景噪声						
序号	检测位置	检测数值	图谱文件	负荷电流（A）	结论	备注（可见光照片）
1						
2						
3						
4						
5						
6						
7						
8						
9						
10						
特征分析						
背景值						

续表

三、检测数据	
仪器厂家	
仪器型号	
仪器编号	
备注	

注 异常时记录负荷和图谱，正常时记录数值。

4.1.2.6 检测数据分析方法

正常的局部放电测量结果应与背景相同，50Hz/100Hz 相关性基本为零或与背景相同。如果测量信号与背景值相差较大，首先要排除外部可能存在的超声波干扰源，如驱鼠器、电动机、计数器等。

如果测量信号与背景值相差较大，或者 50Hz/100Hz 相关性出现，则设备内部可能存在异常超声波信号，继续如下分析和处理。

（1）横向比较：同一厂家、同一批次的产品在相似环境下检测得到的局部放电信号，其测试幅值和测试图谱应比较相似。例如对同一 GIS 间隔 A、B、C 三相断路器气室同一位置的局部放电图谱对比，可以帮助判断是否有放电。

（2）纵向比较：在较长的时间内多次测量同一设备的局部放电信号，对比历史数据，跟踪设备绝缘状态劣化趋势；如果测量值有明显增大，或出现典型局部放电图谱，可判断此测试部位存在异常。典型放电图谱参见附录 B。

（3）若检测到异常信号，可借助其他检测方法（如特高频局部放电检测、示波器、频谱分析、SF_6 分解物检测）对异常信号进行综合分析，并判断放电的类型，根据不同的判据对被测设备进行危险性评估。

（4）在条件具备时，利用声声定位 / 声电定位等方法，根据不同布置位置传感器检测信号的强度变化规律和时延规律来确定缺陷部位。一般先确定缺陷位于的气室，再精确定位到高压导体 / 壳体等部位，为检修决策提供支持。

（5）进行缺陷类型识别，可以根据超声波检测信号的 50Hz/100Hz 频率相关性、信号幅值水平以及信号的相位关系，进行缺陷类型识别。具体分析方法见附录 C。

4.1.3 典型案例分析

4.1.3.1 案例概述

本案例对一起 GIS 设备超声波局部放电检测异常的分析处理过程进行讨论：在该过

程中，采用多种带电检测手段对其进行综合诊断，之后采取必要措施及时消除缺陷，保证了设备的安全稳定运行。

4.1.3.2 异常缺陷的发现及诊断

1.异常缺陷的发现

6月25日，检测人员对某220kV变电站220kV GIS设备进行超声波（AE）、特高频（UHF）局部放电联合带电检测，发现某线路间隔B相断路器存在异常超声信号，在手持式局部放电检测仪上显示超声波信号幅值为14dB。

使用PDS-G1500局部放电检测与定位系统进行定性与精确定位分析：放电类型为自由颗粒放电，示波器上显示信号幅值为410mV左右，定位放电源具体位置为该间隔B相电流互感器正下方断路器罐体底部。

测试温度：27℃；相对湿度：60%；大气压：103.0kPa。

2.异常缺陷的诊断

7月13日，检测人员对该间隔进行复测。检测到异常超声波信号，特高频无异常。根据信号特征判断超声波放电类型为颗粒放电，在靠近Ⅱ母TA侧断路器气室下方检测到超声幅值最大，超声波数据如图4-9所示。

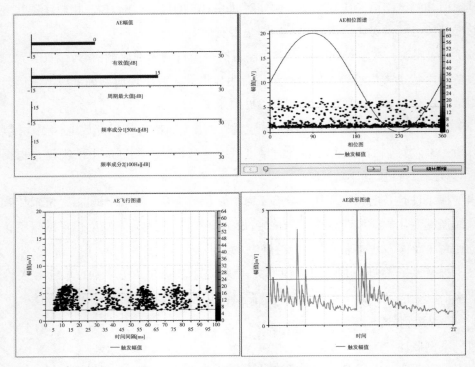

图4-9 异常超声波数据

运用 PDS-G1500 局部放电检测与定位系统进行定位测试，多周期测试数据如图 4-10 所示。

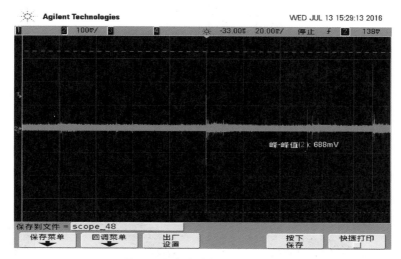

图 4-10 超声波多周期测试数据

现场定位测试照片及对应数据见图 4-11。

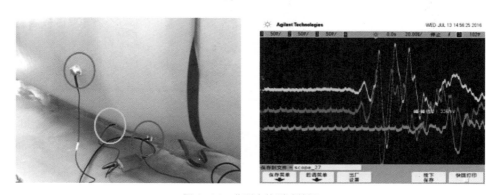

图 4-11 典型定位测试数据

根据定位测试数据，结合 GIS 设备结构，确定放电源位置，放电类型为典型的颗粒放电。检测结论与 6 月 25 日检测结果一致。

4.1.3.3 异常信号的处理

1. 停电解体检查

7 月 14 日，对该间隔安排停电处理。打开 B 相断路器吸附剂侧盖板和底部手孔，用内窥镜进行检测，发现在断路器罐体底部有少数自由颗粒，如图 4-12 所示。

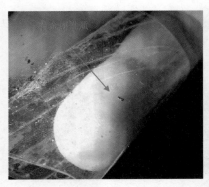

图 4-12　自由颗粒照片

在打开 B 相断路器中间底部手孔时发现有大量的灰尘和颗粒存在，如图 4-13 所示。

图 4-13　手孔部位粉尘和颗粒

用内窥镜观察时，在 B 相断路器 Ⅱ 母 TA 侧气室下方断路器的均压环内部发现有异常颗粒状物质，如图 4-14 所示。

图 4-14　均压环内部异常照片

2. 原因分析及缺陷处理

在该间隔 B 相断路器内部发现有部分颗粒，并在断路器中间底部手孔位置发现大量灰尘及颗粒，验证了测试结论。

用内窥镜观察时，在 B 相断路器 II 母 TA 侧气室下方断路器的均压环内部发现异常颗粒状物质。此位置因局限性不能进行清洁，如投运后连续断路器动作有再次导致罐体内部产生颗粒风险，因此建议此部位也尽可能地进行清洁。

用吸尘器对罐体内部清洁后封盖。

3. 复测

在该 GIS 设备复役后对其进行带电检测复测，检测项目包括存在异常的超声波局部放电检测、特高频局部放电检测。所有检测项目均未发现异常，证明该缺陷已消除。

4.2 GIS 设备特高频局部放电检测

4.2.1 GIS 设备特高频局部放电检测概述

GIS 设备内部发生局部放电时的电流脉冲会激励频率高达数吉赫的电磁波，特高频（UHF）局部放电检测技术通过检测这种电磁波信号实现局部放电检测。特高频法检测频段高（300MHz~3000MHz），具有抗干扰性强、灵敏度高等优点，可用于电力设备局部放电类缺陷的检测、定位和故障类型识别。

现场测试时，外置式传感器无法对全金属封闭电力设备实施检测，同时容易受手机信号、雷达信号、电磁碳刷火花等干扰信号的影响。因此现场检测时须严格遵守相关规程和导则，确保测试数据准确可靠。

局部放电检测特高频法的基本原理是通过特高频传感器对电力设备中局部放电时产生的特高频电磁波（$300\mathrm{MHz} \leqslant f \leqslant 3000\mathrm{MHz}$）信号进行检测，从而获得局部放电信息。根据现场设备情况，可以采用内置式特高频传感器和外置式特高频传感器，如图 4-15 所示。

特高频法能有效避开现场电晕等干扰，具有较高的灵敏度和抗干扰能力，可实现局部放电带电检测、定位以及缺陷类型识别等优点。可采用特高频法检测的典型缺陷有以下 4 种：

1. 绝缘内部空穴或沿面放电缺陷

该缺陷主要是由设备绝缘内部存在空穴、裂纹、绝缘表面污秽等引起的设备内部非贯穿性放电现象，缺陷与工频电场具有明显相关性，是引起设备绝缘击穿的主要威胁。

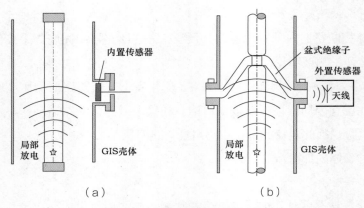

图4-15 特高频局部放电检测原理图
（a）采用内置传感器； （b）采用外置传感器

2. 悬浮电极放电缺陷

悬浮电极放电是指设备内部某一金属部件与导体（或接地体）失去电位连接，存在一较小间隙，从而产生的接触不良放电。悬浮电极放电通常伴随着悬浮部件的振动，是气体中极不均匀电场所特有的一种放电现象。

3. 电晕放电缺陷

该缺陷主要由设备内部导体毛刺、外壳毛刺引起，是气体中极不均匀电场所特有的一种放电现象。电晕放电在过电压作用下存在设备击穿隐患，应根据信号幅值大小予以关注。

4. 自由金属微粒缺陷放电

该类缺陷主要由设备安装过程或开关动作过程产生的金属碎屑而引起，表现为随机性移动或跳动现象。当微粒在高压导体和低压外壳之间跳动幅度加大时，存在设备击穿危险。

4.2.2 GIS设备特高频局部放电检测现场操作

4.2.2.1 GIS设备特高频局部放电检测仪组成及工作原理

GIS特高频局部放电检测仪如图4-16所示，主要由下列部分组成：

1. 特高频传感器

特高频传感器也称为耦合器，主要由天线、高通滤波器、放大器、耦合器和屏蔽外壳组成，用于传感300MHz~3000MHz的特高频无线电信号，并将其转变为电压信号。

2. 信号放大器（可选）

信号放大器一般为宽带带通放大器，用于传感器输出电压信号的放大。

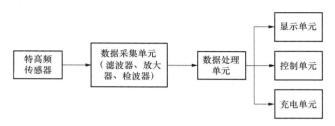

图 4-16 GIS 特高频局部放电检测仪示意图

3. 数据采集单元

数据采集单元用于接收、处理耦合器采集到的特高频局部放电信号，采用内同步或外同步的方式，取得与被测设备同步的电压信号。

4. 数据处理单元

数据处理单元（笔记本电脑或手持巡检仪）安装专门的局部放电数据处理及分析诊断软件，通过 PRPS 图、PRPD 图实时显示数据，利用谱图库对数字信号进行分析诊断，识别放电类型，判断放电强度。

4.2.2.2　主要功能和技术指标

1. 主要功能

在 GIS 正常运行时，能够通过环氧树脂盆式绝缘子或带浇注口的金属盆式绝缘子开展特高频检测，应具备以下功能：

（1）可显示信号幅值大小。

（2）检测仪器具备抗外部干扰的功能。

（3）测试数据可存储于本机并可导出。

（4）可用外施高压电源进行同步，并可通过移相的方式对测量信号进行观察分析。

同时宜具备以下高级功能：

（1）可连接 GIS 内置式特高频传感器。

（2）按预设程序定时采集和存储数据。

（3）具备检测图谱显示，提供局部放电信号的幅值、相位、放电频次等信息中的一种或几种，并可显示波形图、趋势图等谱图中的一种或几种。

（4）具备放电类型识别功能，能判断 GIS 中的典型局部放电类型（自由金属颗粒放电、悬浮电位体放电、沿面放电、绝缘件内部气隙放电、金属尖端放电），或给出各类局部放电发生的可能性，诊断结果简单明确。

2. 技术指标

（1）检测频率范围：通常选用 300MHz~3000MHz 之间的某个子频段，典型频段为

400MHz~1500MHz。

（2）检测灵敏度：65dBmV。

4.2.2.3　现场测试应满足的要求

1. 检测人员要求

（1）熟悉 GIS 特高频局部放电检测技术的基本原理和检测程序，了解特高频局部放电检测仪的工作原理、技术参数和性能，掌握特高频局部放电检测仪的操作程序和使用方法。

（2）了解被检测设备的结构特点、工作原理、运行状况和导致设备故障的基本因素。

（3）熟悉 GIS 特高频局部放电检测技术标准，接受过 GIS 特高频带电检测技术培训，并经相关机构培训合格。

（4）具有一定的现场工作经验，熟悉并能严格遵守电力生产和工作现场的有关安全管理规定。

2. 现场检测安全要求

（1）应执行 Q/GDW 1799.1《国家电网公司电力安全工作规程变电部分》。

（2）应有专人监护，监护人在检测期间应始终行使监护职责，不得擅离岗位或兼任其他工作。

（3）检测时应与设备带电部位保持足够的安全距离，并避开设备防爆口或压力释放口。

（4）防止传感器坠落误碰、误动设备。

（5）使用传感器进行检测时，如果有明显的感应电压，应戴绝缘手套，避免手部直接接触传感器金属部件。

3. 检测条件要求

（1）除非另有规定，检测均在当地大气条件下进行，且检测期间大气环境条件应相对稳定。

（2）环境温度不宜低于 5℃。环境相对湿度不宜大于 80%。

（3）室外检测不应在有雷、雨、雾、雪的环境下进行。

（4）在检测时应避免手机、雷达、电动机、照相机闪光灯等无线信号的干扰。

（5）室内检测避免气体放电灯、电子捕鼠器等对检测数据的影响。

（6）进行检测时应避免大型设备振动源等带来的影响。

4. 检测周期要求

（1）新设备投运前：主回路耐压试验通过后，在 $1.2U_r/\sqrt{3}$ 电压下进行一次局部放电检测，GIS 设备恢复电压互感器、避雷器与主回路连接后，在 $U_r/\sqrt{3}$ 电压下进行电压互感器、避雷器的局部放电检测。

（2）新投运（或大修）后设备：应在投运后 1 个月内进行一次运行电压下的局部放电检测，记录每个点的检测数据作为初始数据。

（3）运行中设备：220kV 及以下，一年一次。

（4）检测到 GIS 有异常信号但不能完全判定时，可根据运行工况缩短检测周期，增加检测次数，采用多种检测方法综合判别。

（5）必要时，对重要部件（断路器、隔离开关、母线等）重点检测。

4.2.2.4 检测流程及注意事项

特高频局部放电检测流程如图 4-17 所示。

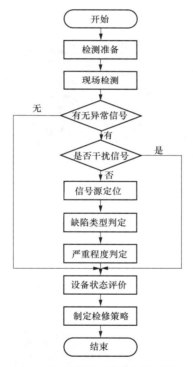

图 4-17 特高频局部放电检测流程

1. 检测准备

（1）检测前，应了解被测设备数量、型号、结构、制造厂家、安装日期、内部构造等信息以及运行情况（对于金属盆式绝缘子不带浇注口的设备，无法采用外置式传感器开展特高频检测）。

（2）掌握被试设备历次停电试验和带电检测数据、历史缺陷、家族性缺陷、不良工况等状态信息。

（3）现场具备安全可靠的检修电源，禁止从运行设备上接取检测用电源。

（4）检查环境、人员、仪器、设备、工作区域满足检测条件。

2. 检测步骤

（1）按照设备接线图连接测试仪各部件如图 4-18 所示；将传感器固定在盆式绝缘子非金属封闭处，传感器应与盆式绝缘子紧密接触并在测量过程保持相对静止，并避开紧固绝缘盆子的螺栓；将检测仪相关部件正确接地，检测仪主机（电脑）连接电源，开机。

图 4-18　连接测试仪各部件

（2）测试前检查：如图 4-19 所示，开机后通过移动电话产生特高频信号，观察仪器信号变化，判断仪器运行是否正常。

图 4-19　信号自检

（3）将传感器放置在空气中，检测并记录为背景噪声，如图 4-20 所示，根据现场噪声水平设定各通道信号检测阈值。

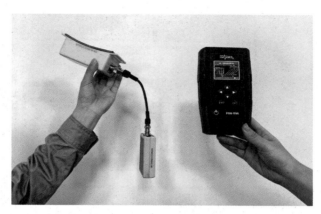

图 4-20　背景噪声测试

（4）设备信号测试：利用外露的盆式绝缘子处或内置式传感器，在断路器断口处、隔离开关、接地开关、电流互感器、电压互感器、避雷器、导体连接部件等处均应设置测试点，如图 4-21 所示。

图 4-21　选取测试点

（5）检测时，将特高频传感器紧贴于测点，在 PRPD & PRPS 模式下进行检测，测试时间不少于 30s。如果发现信号无异常，保存数据，退出并改变检测位置继续下一点检测；如果发现信号异常，则延长检测时间并记录多组数据，如图 4-22 所示，进入异常诊断流程。

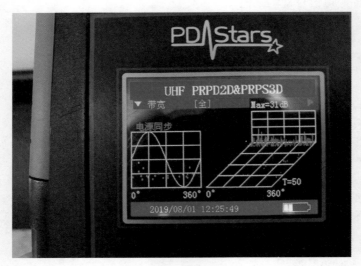

图 4-22　记录测试数据

（6）必要时可以接入信号放大器；测量时应尽可能保持传感器与盆式绝缘子的相对静止，避免因为传感器移动引起信号变化而干扰正确判断。

（7）记录三维检测图谱（PRPS 图），必要时记录二维图谱（PRPD 图）。每个位置检测时间要求 30s，若存在异常，应出具检测报告。

（8）干扰信号排除。干扰信号可能存在于电气设备内部或外部空间，开始测试前尽可能排除干扰源，可采用屏蔽带法、背景干扰测量屏蔽法、关闭干扰源、软硬件滤波、抑制噪声、定位干扰源、比对典型干扰图谱等方法予以排除。

4.2.2.5　数据记录及试验报告编制

检测时应按照表 4-2 记录原始试验数据，或保存特高频局部放电检测原始数据；对缺陷部位应保存特高频局部放电检测原始数据，并添加可见光照片。试验完成后编制检测报告，应保证数据准确完整，分析过程清晰，结论明确。

表 4-2　　　　　　　　　　　特高频局部放电检测报告

一、基本信息						
变电站		委托单位		试验单位		运行编号
试验性质		试验日期		试验人员		试验地点
报告日期		编制人		审核人		批准人

续表

一、基本信息					
试验天气		环境温度（℃）		环境相对湿度（%）	

二、设备铭牌					
设备型号		生产厂家		额定电压 (kV)	
投运日期		出厂日期		出厂编号	

三、检测数据			
序号	检测位置	负荷电流（A）	图谱文件
1			
2			
3			
4			
5			
6			
7			
8			
9			
10			
⋮			
特征分析			
仪器型号			
结论			
备注			

4.2.2.6 检测数据分析方法

正常情况下，检测数据应与背景类似，不存在较大的信号幅值及明显的相位特征。当检测信号存在明显异常时，首先应判断异常信号是否来自外界干扰，典型干扰图谱详见附录 D。

其次将检测信号与典型缺陷特征图谱做比对，初步判定局部放电类型。常见的典型缺陷包括电晕放电、绝缘内部空穴或沿面放电、自由金属颗粒放电和悬浮电位放电。典型缺陷的放电特征及其图谱见附录 E。

当判定存在局部放电缺陷时，可借助其他检测方法（如特高频局部放电检测、示波器、频谱分析、SF_6 分解物检测）对异常信号进行综合分析，并判断放电的类型，根据不同的判据对被测设备进行危险性评估。

在条件具备时，利用声声定位 / 声电定位等方法，根据不同布置位置传感器检测信号的强度变化规律和时延规律来确定缺陷部位。一般先确定缺陷位于的气室，再根据 GIS 内部结构精确定位缺陷发生的部位，为检修决策提供支持。

4.2.3 典型案例分析

4.2.3.1 案例概述

本案例对一起 GIS 设备特高频局部放电检测异常的分析处理过程进行了讨论：在该过程中，采用多种带电检测手段对其进行综合诊断，之后采取必要措施及时消除缺陷，保证了设备的安全稳定运行。

4.2.3.2 异常缺陷的发现及诊断

1. 异常缺陷的发现

某年 6 月 7 日，检测人员对某变电站 110kV GIS 进行超声波（AE）、特高频（UHF）局部放电联合带电测试，发现 110kV 某线路间隔 B 相避雷器与隔离开关气室存在幅值为 1.56V 的异常超声波信号和 1.2V 异常特高频信号。

2. 异常缺陷的诊断

6 月 15 日，检测人员针对该异常信号，采用多种带电检测手段对该变压器进行诊断分析。

（1）特高频检测。检测发现该间隔 B 相避雷器与隔离开关气室区域存在异常信号，如图 4-23 所示。由图 4-23（a）和图 4-23（b）可见，一个工频周期内出现两簇悬空的脉冲信号，信号幅值较大且呈现聚集趋势，工频相关性明显。初步判断为悬浮类型放电，需结合 PDS-G1500 定位系统进一步分析和判断。

（2）超声波检测。使用 PDS-T90 的超声波模式对该间隔 B 相避雷器进行测试，测试结果如图 4-24 和图 4-25 所示。其中，图 4-24 显示超声周期最大值为 14.1mV；图 4-25 显示 100Hz 相关性明显大于 50Hz 相关性，波形每周期两簇，具有工频相关性。超声波呈现较为典型的悬浮放电或振动，由于存在特高频信号，确定内部存在悬浮放电。

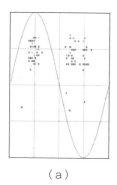
（a）

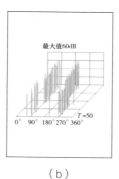
（b）

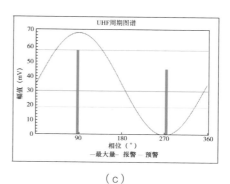
（c）

图 4-23　特高频检测图谱
（a）PRPD 图谱；（b）PRPS 图谱；（c）周期图谱

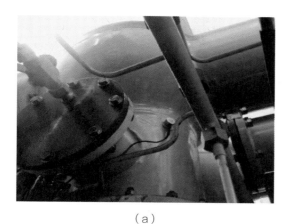
（a）

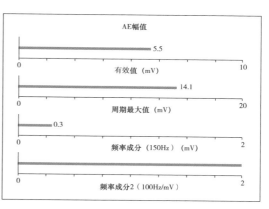
（b）

图 4-24　超声波测试最大点和 AE 幅值图谱
（a）超声波测试最大点；（b）AE 幅值图谱

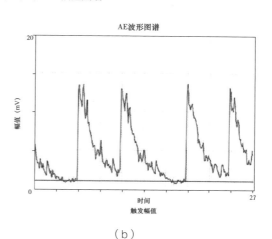
（a）

（b）

图 4-25　AE 相位图谱和 AE 波形图谱
（a）AE 相位图谱；（b）AE 波形图谱

（3）声电联合精确定位。使用 PDS-G1500 局部放电检测及定位系统对该间隔 B 相避雷器信号进行类型分析。示波器 10ms 波形图一个工频周期（20ms）内出现两根特高频脉冲信号，如图 4-26 所示，显示工频相关性强，具有典型悬浮放电特征。

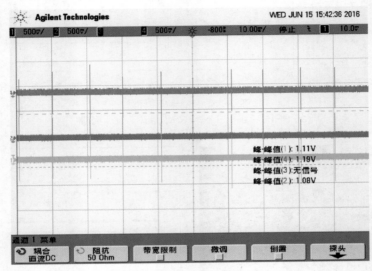

图 4-26　示波器 10ms 图谱（特高频）

示波器 10ms 波形图一个工频周期（20ms）内出现两根特高频脉冲信号和两簇超声脉冲信号，如图 4-27 所示，显示工频相关性强，判断为悬浮类型放电。

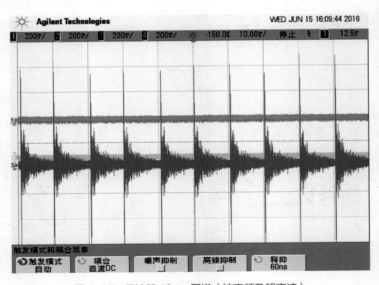

图 4-27　示波器 10ms 图谱（特高频及超声波）

特高频信号和超声信号一一对应，验证了信号的同源性，具备进行声电联合定位的条件。特高频信号最大幅值为 1.2V，超声波信号最大幅值为 1.56V。

（4）声电联合定位分析。使用 PDS-G1500 局部放电检测及定位系统对该间隔 B 相避雷器进行声电联合定位分析，确定信号来源。

将黄色特高频传感器放置在 B 相避雷器上方的盆子处，蓝色超声传感器放置在如图所示位置，通过不断的移动超声传感器的位置和经过时差分析计算，最终测得超声波信号与特高频信号最小时差如约为 77μs 左右，折合物理距离约为 40cm 左右，由此可判定局放源位于上图中红色圈内所示位置概率较大，如图 4-28 所示。

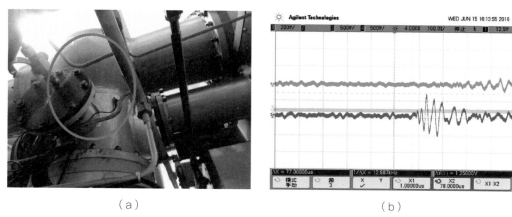

（a）　　　　　　　　　　　　（b）

图 4-28 特高频、超声传感器位置图和定位波形图

（a）特高频、超声传感器位置图；（b）定位波形图

4.2.3.3 异常信号的处理

1. 停电解体检查

对该间隔进行停电处理，在 B 相避雷器上方盆子处找到异物和放电痕迹，为悬浮放电类型，如图 4-29 所示。

图 4-29 现场解体照片

在盆子上有一金属弹簧已经因放电而烧灼严重，并且弹簧四周有放电产生的粉末。由于弹簧所处的盆子位于隔离开关和避雷器之间，在安装时环氧树脂的绝缘盆子与上方金属面通过螺栓连接，弹簧在内部对连接的金属平面产生放电。

2. 原因分析及缺陷处理

（1）由于安装时的疏忽或其他原因导致盆子内部存在异物，该异物会严重影响设备的正常运行，是一个重大的安全隐患。经分析，该异物对接触的金属连接面产生放电。

（2）声电联合检测能够精确确定放电发生的部位，对查找故障点提供了依据。

3. 复测

在该 GIS 设备复役后对其进行带电检测复测，检测项目包括特高频局部放电检测、超声波局部放电检测。所有检测项目均未发现异常，证明该缺陷已消除。

5 接地网带电检测

5.1 接地网接地阻抗检测

5.1.1 接地网接地阻抗检测概述

电力设备的接地是保证人身安全和电力设备正常工作的重要部分，近年来由于电力设备接地出现问题引起的设备事故时有发生。因此，接地阻抗的检测逐渐引起重视。

接地按其作用分为如下三类。

（1）保护接地：正常情况下将电力设备外壳及不带电金属部分接地。

（2）工作接地：电力系统中利用大地作导线或为保证正常运行所进行的接地。

（3）防雷接地：指过电压保护装置或设备的金属结构接地。

5.1.1.1 接地阻抗影响因素

影响接地阻抗的主要因素有土壤电阻率、接地体尺寸形状、埋入深度、接地线与接地体的连接等。

（1）土壤电阻率：其不仅随土壤的类型变化，且随温度、湿度、含盐量和土壤的金木程度变化。

（2）接地体：主要采用金属材料，具备良好的导电性和经济性，但金属材料存在腐蚀问题，对接地阻抗影响较大。

（3）接地体的几何形状及埋设方式：接地体的几何形状决定了接地体本身的电阻和周围土壤的接触面积；埋设方式及深度也对接地阻抗有显著影响。

5.1.1.2 接地阻抗检测原理

接地阻抗是指接地装置对远方电位零点的阻抗，数值上为接地装置与远方电位零点间的电位差，与通过该接地装置流入地中的电流的比值。

测量接地阻抗的方法主要有电位降法及电流—电压表三极法，其中电流—电压表三极法中又分为直线法和夹角法。大型接地装置接地阻抗的测试中主要采用电流－电压表三极法中的夹角法及电位降法，如果条件所限无法呈夹角放置时，应注意使电流线和电位线保持尽量远的距离，以减小互感耦合对测试结果的影响。电位降法主要适用于区域水平段较分明的情况。

5.1.2　接地网接地阻抗检测现场操作

5.1.2.1　接地网接地阻抗检测仪组成及工作原理

接地网接地阻抗检测仪器一般由检测主机、电流线，电压线等组成，电流 – 电压表三极法的接线原理如图 5-1 所示。

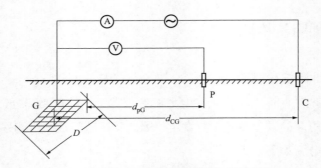

图 5-1　电流 – 电压表三极法接线原理示意图
G—被试接地装置；C—电流极；P—电位极；D—被试接地装置最大对角线长度；
d_{CG}—电流极与被试接地装置边缘的距离；d_{PG}—电位极与被试接地装置边缘的距离

5.1.2.2　主要功能和技术指标

1. 主要功能

（1）宜采用异频电流法测试接地装置的工频特性参数，对于试验现场干扰大的时候可以适当加大测试电流。

（2）如采用工频电流法测试大型接地装置的工频特性参数，则应采用独立电源或经隔离变压器供电。

2. 技术指标

（1）异频电流法测试：试验电流频率宜在 40Hz~60Hz 范围，波形为标准正弦波，试验电流宜在 3A~20A。

（2）工频电流法测试：尽可能加大试验电流，试验电流不宜小于 50A。

（3）仪器的分辨率：1mΩ，准确度不低于 1.0 级。

5.1.2.3　现场测试应满足的要求

1. 检测人员要求

（1）熟悉接地阻抗测量技术的基本原理、分析方法，了解接地阻抗测试仪的工作原理、技术参数和性能。

（2）掌握接地阻抗测试仪的操作方法，能正确完成现场各种试验项目的接线、操作及测量。

（3）熟悉各种影响试验结论的因素及消除方法。

（4）具有一定的现场工作经验，熟悉并能严格遵守电力生产和工作现场的相关安全管理规定。

2. 现场检测安全要求

（1）应执行 Q/GDW 1799.1《国家电网公司电力安全工作规程变电部分》。

（2）应确保操作人员及试验仪器与电力设备的高压部分保持足够安全距离。

（3）应在良好的天气下进行，如遇雷、雨、雪、雾不得进行该项工作。

（4）系统存在接地故障时，严禁进行接地阻抗测试。

（5）试验前必须认真检查试验接线，确保正确无误。

（6）要确保所用电压线和电流线的连接完好，不应有裸露部分，试验过程中确保线路对地其他处无短接，搭接牢固合适。

（7）为防止影响试验结果，电流线与电压线不可交叉、缠绕。

（8）试验期间电流线严禁断开，电流线全程和电流极处要有专人看护。

（9）试验现场出现明显异常情况时，应立即停止试验工作，查明异常原因。

3. 检测条件要求

（1）干燥季节和土壤未冻结时进行。

（2）不应在雷、雨、雪中或雨、雪后立即进行。

（3）现场区域满足试验安全距离要求。

4. 检测周期要求

（1）6 年一次。

（2）符合运行要求，且不大于初值的 1.3 倍。

（3）独立避雷针（非构架避雷针）接地装置和主接地网之间的阻抗不小于 500mΩ。

5.1.2.4 检测流程及注意事项

1. 检测准备

（1）现场试验前，应详细了解现场的运行情况，查阅相关技术资料，掌握地网接地运行情况，据此制定相应的技术措施。

（2）应配备与工作情况相符的上次试验记录、标准化作业指导书、合格的仪器仪表、工具和连接导线等。

（3）现场具备安全可靠的独立试验电源，禁止从运行设备上接取试验电源。

（4）检查环境、人员、仪器满足试验条件。

（5）按相关安全生产管理规定办理工作许可手续。

2. 检测步骤

（1）夹角法。只要条件允许，大型接地装置接地阻抗的测试都采用电流—电位线夹角布置的方式，d_{CG} 一般为接地装置最大对角线长度 D 的 4~5 倍，对超大型接地装置则尽量远；d_{PG} 的长度与 d_{CG} 相近，夹角 θ 约为 30°。

如果土壤电阻率均匀，可采用 d_{CG} 和 d_{PG} 相等的等腰三角形布线，此时使 θ 约为 30°，$d_{CG}=d_{PG}=2D$。

（2）直线法。检测步骤如下：

1）测试接地装置接地阻抗的电流极应布置得尽量远，通常电流极与被试接地装置边缘的距离 d_{CG} 应为被试接地装置最大对角线长度 D 的 4~5 倍；电压测试线 d_{PG} 长度通常为（0.5~0.6）d_{CG}。

2）试验电流的注入点采用导通测试中结果良好的设备接地引下线处，一般选择在变压器中性点附近或场区边缘，如图 5-2 所示。

图 5-2　选取试验电流注入点

3）沿相同方向放设电位测试线与电流测试线。

4）电流线和电位线之间保持尽量远的距离，以尽量减小电流线与电位线之间互感的影响。测试回路应尽量避开河流、湖泊，尽量远离地下金属管路和运行中的输电线路，避免与之长段并行，与之交叉时应垂直跨越，如图 5-3 所示。

图 5-3　平行布线，避免交叉

5）可采用人工接地极或利用高压输电线路的铁塔作为电流极，但应注意避雷线分流的影响，电位极应紧密而不松动地插入土壤 20cm 以上，如图 5-4 所示。

图 5-4　选取电流极和电位极

6）对试验装置进行接线并检查确认接线正确。

7）电位极 P 应在被测接地装置 G 与电流极 C 连线方向移动三次，每次移动的距离为 d_{CG} 的 5% 左右，当三次测试的结果误差在 5% 以内即可。

8）试验结束后，断开电源，整理接线。

5.1.2.5　数据记录及试验报告编制

检测时应按照表 5-1 记录原始试验数据，试验完成后编制检测报告，应保证数据准确完整，分析过程清晰，结论明确。

表 5-1 接地网接地阻抗试验报告

一、基本信息					
变电站		委托单位		试验单位	
试验性质		试验日期		试验人员	试验地点
报告日期		编写人		审核人	批准人
试验天气		环境温度（℃）		环境相对湿度（%）	

二、布线方式/路径示意

三、试验原理、接线			
试验仪器放置位置		接地装置对角线长度（m）	
布线方法		电压、电流测试线夹角	
电流注入点位置		电流测试线 d_{CG} 长度（m）	
电压注入点位置		电压测试线 d_{PG} 长度（m）	

四、试验数据			
序号	测试电流	接地阻抗（Ω）	设计值（Ω）
1			
2			
3			
仪器型号			
结论			
备注			

5.1.2.6 检测数据分析方法

接地阻抗是接地装置的一个重要参数，但并不是唯一的、绝对的参数指标，它概要性地反映了接地装置的状况，而且与接地装置的面积和所在地的地质情况有密切的关系。因此，判断接地阻抗是否合格，首先要参照 GB/T 50065—2011《交流电气装置的接地设计规范》中的有关规定，同时也要根据实际情况，包括地形、地质和接地装置的大小，综合判断。

5.1.3 典型案例分析

5.1.3.1 案例概述

本案例对一起变电站接地网接地阻抗测试值偏大现象的分析处理过程进行了讨论：在该过程中，对缺陷情况进行合理分析，不断改进测试方法，最终确定测试数据合格。

5.1.3.2 异常缺陷的发现及诊断

某年 9 月，检测人员对某 110kV 变电站进行地网测试时发现数据超标，接地阻抗平均测试值 0.682Ω，如表 5-2 所示，大于设计值（0.5Ω）。

表 5-2 接地阻抗测试值

引下线位置	接地阻抗（Ω）	引下线位置	接地阻抗（Ω）
1 号主变压器	0.725	1 号消弧线圈	0.688
2 号主变压器	0.685	135 间隔	0.705
1 号主变压器 35kV 出线避雷器	0.677	137 间隔	0.623
2 号主变压器 35kV 出线避雷器	0.696	中性点避雷器	0.658

本次试验采用 30° 夹角法，电极距离 3D（D 为变电站对角线长度）进行测试，所测结果超出设计值。然而，该变电站近几年未出现因接地不良而发生的事故。

5.1.3.3 缺陷分析与处理

1. 扁铁开挖检查

为确定问题原因，对测试点地网部分开挖检查，如图 5-5 所示，未发现有明显的故障点。因此怀疑所测数据的准确性，拟对接地网测试方法进行分析改进。

2. 原因分析

（1）电极距离的选取不够精确。试验采用夹角法测试时，要求电流线与电压线之间的夹角为 30°，而在实际放线过程中，很难准确掌握好这个角度，只能进行目测或估计；同时要求电流线放线长度为变电站对角线长度的 3~5 倍，电压线放线长度是电流线

图 5-5　现场扁铁开挖检查

的 0.618 倍，但实际测量放线长度不是很精确，导致测试结果产生误差。另外，电流放线与电压放线太近或两线夹角不当会形成互感，干扰测试结果。

（2）地理条件影响测试结果。大地导电基本是靠离子导电，越干燥的土层土壤电阻率就会越大，从而使接地系统的接地阻抗偏大。该变电站地处山区，由于雨水少、风沙大，导致土壤层干化，干燥的土层或者砂卵石土层等地区的土壤电阻率比较高，对接地阻抗测试值影响较大。

3. 改进方法复测

（1）降低电流极电阻。由于到土壤电阻率较大，可能导致电流极电阻偏高，采用多个电流极并联或向其周围泼水的方式降阻。

（2）选取适当的电极距离。放线时，电流线和电压线避免缠绕，呈 30° 向外放线。电流极的位置选取 5D。放线距离越长，测试结果越准确。

根据以上方法展开复测，测试结果平均值为 0.438Ω，如表 5-3 所示，符合设计要求。

表 5-3　　　　　　　　　　　　接地阻抗复测

引下线位置	接地阻抗（Ω）	引下线位置	接地阻抗（Ω）
1 号主变压器	0.489	1 号消弧线圈	0.438
2 号主变压器	0.436	135 间隔	0.452
1 号主变压器 35kV 出线避雷器	0.431	137 间隔	0.397
2 号主变压器 35kV 出线避雷器	0.445	中性点避雷器	0.416

5.1.3.4 结论

（1）多次测试数据有所不同，不能判定哪一次测试结果是最准确的。因为在不同的测试时间和环境下，测试结果与土壤电阻率、接地扁铁的腐蚀程度以及测试环境湿度等都有着密切的关系，测试数据受到的影响程度不同。

（2）通过多次改进测试方法，测试抗干扰性能力得到很大的提高，测试数据更接近接地网的真实值，同时也确保该变电站接地网状况良好。

5.2 接地引下线导通性能检测

5.2.1 接地引下线导通性能检测概述

接地装置的电气完整性是接地装置特性参数的一个重要方面。接地导通试验的目的是检查接地装置的电气完整性，即检查接地装置中应该接地的各种电气设备之间、接地装置的各部分及各设备之间的电气连接性，一般用直流电阻值表示。保持接地装置的电气完整性可以防止设备失地运行，提供事故电流泄流通道，保证设备安全运行。

接地引下线导通性能检测是测量接地引下线导通与地网（或相邻设备）之间的直流电阻值来检查其连接情况，从而判断出引下线与地网的连接状况是否良好。主要试验方法有直流电桥法和直流电压电流法，试验接线如图 5-6 和图 5-7 所示。

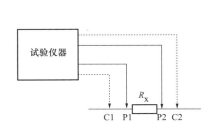

图 5-6 直流电桥法接线图
C1、C2—测试电流端；P1、P2—测试电压端

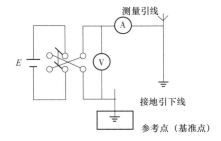

图 5-7 直流电压电流法接线图

5.2.2 接地引下线导通性能检测现场操作

5.2.2.1 主要功能和技术指标

（1）测试宜选用专用仪器，仪器的分辨率不大于 $1\text{m}\Omega$。

（2）仪器的准确度不低于 1.0 级。

（3）测试电流不小于 5A。

5.2.2.2　现场测试应满足的要求

1. 检测人员要求

（1）熟悉接地引下线导通测试技术的基本原理、分析方法。

（2）了解接地引下线导通测试仪的工作原理、技术参数和性能。

（3）掌握接地引下线导通测试仪的操作方法。

（4）能正确完成现场各种试验项目的接线、操作及测量。

（5）具有一定的现场工作经验，熟悉并能严格遵守电力生产和工作现场的相关安全管理规定。

（6）熟悉各种影响试验结论的因素及消除方法。

（7）经过上岗培训考试合格。

2. 现场检测安全要求

（1）应执行 Q/GDW 1799.1《国家电网公司电力安全工作规程变电部分》。

（2）高压试验工作不得少于两人。试验负责人应由有经验的人员担任，开始试验前，试验负责人应向全体试验人员详细布置试验中的安全注意事项，交待邻近间隔的带电部位，以及其他安全注意事项。

（3）应确保操作人员及试验仪器与电力设备的高压部分保持足够的安全距离。

（4）应在良好的天气下进行，如遇雷、雨、雪、雾不得进行该项工作。

（5）试验前必须认真检查试验接线，应确保正确无误。

（6）在进行试验时，要防止误碰误动设备。

（7）试验现场出现明显异常情况时，应立即停止试验工作，查明异常原因。

（8）高压试验作业人员在全部试验过程中，应精力集中，随时警戒异常现象发生。

（9）试验结束时，试验人员应拆除试验接线，并进行现场清理。

3. 检测条件要求

（1）不应在雷、雨、雪中或雨、雪后立即进行。

（2）现场区域满足试验安全距离要求。

5.2.2.3　检测流程及注意事项

1. 检测准备

（1）现场试验前，应详细了解现场的运行情况，据此制定相应的技术措施。

（2）应配备与工作情况相符的上次试验记录、标准化作业指导书、合格的仪器仪表、工具和连接导线等。

（3）现场具备安全可靠的独立试验电源，禁止从运行设备上接取试验电源。

（4）检查环境、人员、仪器满足试验条件。

（5）按相关安全生产管理规定办理工作许可手续。

2. 检测步骤

（1）在变电站内选定一个与主地网连接合格的设备接地引下线为基准参考点，如图5-8所示。

图 5-8　选取参考点

（2）对测量设备校零，如图5-9所示。

图 5-9　设备校零

（3）在被测接地引下线与试验接线的连接处，使用锉刀锉掉防锈油漆，露出有光泽的金属，如图 5-10 所示。

图 5-10 去除接地引下线防锈油漆层

（4）用专用测试导线分别接好基准点和被测点（相邻设备接地引下线），接通仪器电源，测量接地引下线导通参数，如图 5-11 所示。

（5）记录试验数据，如图 5-12 所示。

图 5-11 设备接线

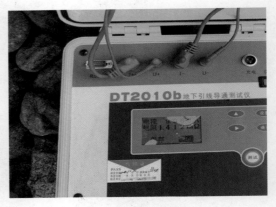

图 5-12 测试结果数据

（6）测试结束后，关掉电源并收好试验线。

3. 注意事项

（1）测试中应注意减小接触电阻的影响。

（2）当发现测试值在 50mΩ 以上时，应反复测试验证。

5.2.2.4 数据记录及试验报告编制

检测时应按照表 5-4 记录原始试验数据，试验完成后编制检测报告，应保证数据准确完整，分析过程清晰，结论明确。

表 5-4　　　　　　　　　　　　接地引下线导通试验报告

一、基本信息			
变电站	委托单位	试验单位	
试验性质	试验日期	试验人员	试验地点
报告日期	编写人员	审核人员	批准人员
试验天气	环境温度（℃）	环境相对湿度（%）	

二、试验结果			
序号	参考点	测量地点	测量值（mΩ）
1			
2			
3			
4			
5			
6			
7			
8			
9			
10			
⋮			
仪器型号			
结论			
备注			

5.2.2.5　检测数据分析方法

（1）状况良好的设备，测试值应在 50mΩ 以下。

（2）测试值 50mΩ~200mΩ 的设备状况尚可，宜在以后例行测试中重点关注其变化，重要的设备宜在适当时候检查处理。

（3）测试值 200mΩ~1Ω 的设备状况不佳，对重要的设备应尽快检查处理，其他设备宜在适当时候检查处理。

（4）测试值 1Ω 以上的设备与主地网未连接，应尽快检查处理。

（5）独立避雷针的测试值应在 500mΩ 以上。

（6）测试中相对值明显高于其他设备，而绝对值又不大的，按状况尚可对待。

5.2.3 典型案例分析

5.2.3.1 案例概述

某年 7 月 18 日，某供电公司变电运检室（检修）电气试验班对某变电站全站变电一次设备开展带电检测工作。在进行全站变电一次设备接地引下线导通测试时，发现 1、2 号独立避雷针导通数值偏低（1 号避雷针 23.86mΩ；2 号避雷针 165.9mΩ），均远低于标准要求值（不小于 500mΩ）。检测仪器为接地网连通电阻测试仪，型号为南京伏安电气 JD-1。

同年 11 月 14 日，再次对该变电站 1、2 号独立避雷针进行复测。复测数据和上一次相比变化不大（1 号避雷针 26.75mΩ、2 号避雷针 207.3mΩ）。所用仪器为自动抗干扰地网电阻测试仪，型号为济南泛华 AI-6301S。两次现场检测数据如表 5-5 所示。

表 5-5　　　　　　　　　接地引下线导通测试数据

日期 设备名称	11 月 14 日		7 月 18 日	
	测试仪器	测试数据（mΩ）	测试仪器	测试数据（mΩ）
1 号独立避雷针	南京伏安电气 JD-1	23.86	济南泛华 AI-6301S	26.75
2 号独立避雷针		165.9		207.3

5.2.3.2 异常情况分析

针对上述情况，经公司主管领导及技术人员商讨并制定相关技术处理措施后，于同年 11 月 20 日进行接地网开挖，发现以下问题。

1. 水平接地体埋深不符合要求

在开挖接地网的过程中，发现 1、2 号独立避雷针水平接地体埋设深度均不够。按照《国家电网公司变电检修管理规定（试行）第 20 分册 接地装置检修细则》要求，水平接地体埋深应满足设计规定，当无规定时不应小于 0.6m，而现场水平接地体埋深只有 0.2m~0.3m，不符合要求，如图 5-13 所示。

查阅变电站设计施工图纸，其中接地工艺设计有明确要求。

图 5-13　水平接地体埋设深度不足

2. 接地引下线与消防水池相连

1 号独立避雷针接地引下排连接到排水井和消防水池，造成 1 号独立避雷针与主接地网导通数据较小。接地网设计为避雷针与接地网相连，而防雷接地卷册说明为"独立避雷针不与主接地网连接"。

1 号独立避雷针接地引下线与消防管道支架、水泵外壳接地连接在一起，如图 5-14 所示，雷击时会产生高电位，对附近金属或电气线路造成反击，严重情况可能造成人员伤害。

图 5-14　1 号独立避雷针接地引下线与消防管道支架、水泵外壳接地相连

3. 独立避雷针接地引下线与全站户外照明灯金属支架接地连接

2 号独立避雷针接地引下线与全站户外照明灯金属支架接地连接在一起,形成避雷针水平接地环网,如图 5-15 所示,与防雷接地卷册说明不符,其造成 2 号独立避雷针接地引下线导通测试数据不符合要求。同 1 号避雷针相同,雷击时易产生高电位,对附近金属或电气线路造成反击,严重情况可能造成人员伤害。

图 5-15 2 号独立避雷针接地引下线与全所户外照明灯金属支架接地相连

5.2.3.3 处理措施

次年 3 月 15 日,电气试验班再次对 1、2 号避雷针进行接地开挖,并分别将 1 号独立避雷针接地引下排与主接地网连接点、2 号独立避雷针接地引下线与全站户外照明灯金属支架接地连接点断开,如图 5-16 所示。

图 5-16 接地引下线断开点

断开后，再次对1、2号独立避雷针进行接地阻抗与接地引下线导通数据测试，测试结果如表5-6所示。

表5-6 接地引下线断开后测试数据

设备名称	测试仪器	测试数据	测试仪器	测试数据
1号独立避雷针	济南泛华AI-6301S	270mΩ	南京伏安电气JD-1	141.6mΩ
2号独立避雷针		4.2Ω		超量程

次年4月24日，电气试验班再次对1号避雷针进行接地开挖。向下开挖约1.5m后，发现避雷针接地网积水严重，如图5-17所示。

图5-17 1号独立避雷针接地引下线积水

5.2.3.4 结论

根据处理后的检测数据分析，2号独立避雷针接地引下线已经与主接地网脱离，JD-1导通测试电流升不上是由于超出仪器量程所致。1号独立避雷针与主接地网还未脱离，是由于避雷针接地网严重积水，且与消防水池及事故油池主接地网距离过近，导致导通数据不合格。

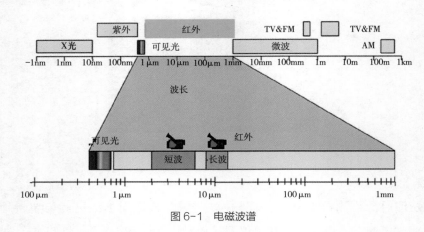

右上角：

6 红外热成像检测

6.1 红外热成像检测概述

6.1.1 红外辐射的特点

红外线是一种电磁波，它的波长范围为 $0.76\mu m \sim 1000\mu m$，不为人眼所见，如图 6-1 所示。红外线辐射是自然界存在的一种最为广泛的电磁波辐射。自然界任何温度高于绝对零度（$-273.16℃$）的物体都会发出红外线，且辐射出的红外线带有物体的温度特征信息。它反映物体表面的红外辐射场，即温度场。红外成像设备就是探测这种物体表面辐射的不为人眼所见红外线的设备。

图 6-1　电磁波谱

辐射是从物质内部发射出来的能量。物质分子内的原子存在相对振动，当分子转动时，晶体中原子的振动即随之被激发到更高能级，当原子向下跃迁时就进行辐射，这种辐射称为热辐射，见图 6-2。

由图 6-2 可知辐射对物体有四种作用，其中：入射辐射 W_{in} 是物体向外发出自身能量；吸收 W_{α} 是物体获得并保存来自外界的辐射；反射 W_{ρ} 是物体弹回来自外界的辐射；

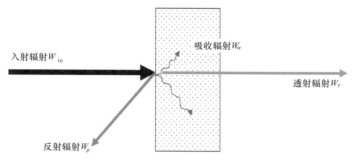

图 6-2 辐射对物体的作用

透射 W_τ 是来自外界的辐射经过物体穿透出去。这四种作用间的关系式为

$$W_\alpha+W_\rho+W_\tau=W_{\text{in}}=100\% \;；\; \alpha+\rho+\tau=1 \qquad\qquad（6-1）$$

如果一个理想的辐射体能 100% 吸收所有的入射辐射，即不反射也不穿透任何辐射，即 $\alpha=1$，则称其为黑体。注意真正的黑体并不存在。

如图 6-3 所示，物体自身的红外辐射是向各个方向的，而物体的温度及表面辐射率决定着物体的辐射能力，即

$$W_\varepsilon+W_\rho+W_\tau=W_{\text{ex}} \;；\; \varepsilon+\rho+\tau=1 \qquad\qquad（6-2）$$

ε 即辐射系数，其定义为实际物体与同温度黑体辐射性能之比。黑体 100% 辐射自身的能量，即 $\varepsilon=1$。

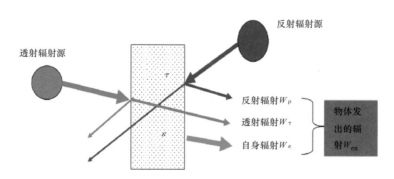

图 6-3 透射、反射以及自身辐射

辐射量取决于物体本身的温度以及它的表面辐射率。所有物体都有温度以及表面辐射率，因此所有物体都有红外辐射。物体温度越高，红外辐射越多。在温度相同的情况下，物体辐射率越高，辐射量越大，所以物体的温度及表面辐射率决定着物体的辐射能力。

6.1.2 设备发热的故障类型

变电站的设备发热，根据发热的原因可分为电流致热型、电压致热型以及综合致热型三种。

1. 电流致热型设备

由于电流效应引起发热的设备称为电流致热型设备。由于电力系统导电回路中的金属导体都存在电阻，当通过电流时，必然有一部分电能按焦耳—楞茨定律以热损耗的形式消耗掉。其发热功率 P 为

$$P=K_f I^2 R \qquad (6-3)$$

式中　K_f——附加损耗系数；

　　　I　——导体中流过的电流；

　　　R——导体的直流电阻。

对于导电回路的导体连接部位，导体的电阻值 R 可用连接部位的接触电阻 R_j 代替。平时测量接触电阻都是连同导线电阻一起测量，即 $P=K_f I^2 R_j$。

如果连接部位的接触电阻低于导体的电阻，则连接部位的电阻损耗发热不会高于导体的发热；如果连接部位接触不良，造成接触电阻增大，就会产生更多的电阻损耗发热，从而造成导体连接部位过热。

引起接触电阻增大的原因：有导体的材质、结构、工艺、腐蚀、氧化、外部机械力破坏等。

2. 电压致热型设备

由于电压效应引起发热的设备称为电压致热型设备。电压致热主要是介质损耗发热，由于绝缘结构是由多种电介质构成的，这些电介质材料在交流电压的作用下就引起能量损耗。能量损耗所产生的发热功率为

$$P=U^2 \omega C \tan\delta \qquad (6-4)$$

式中　U——施加的电压；

　　　ω——交流电的角频率；

　　　C——介质的等值电容；

　　　$\tan\delta$——介质损耗因数。

当绝缘介质的绝缘性能遭到破坏时，就会引起绝缘介质损耗增大，导致介质损耗发热功率增加。

引起绝缘介质损耗增大的原因有绝缘材料老化、氧化、受潮和自身的化学变化等。

3. 综合致热型设备

既有电压效应，又有电流效应，或者电磁效应等引起发热的设备称为综合致热型设备。

6.1.3　影响红外测温的因素

1. 大气吸收的影响

在传输过程中，红外辐射由于大气中极性分子的吸收作用总会有一定的能量衰减。

电力设备的红外检测工作大多工作在 $8\mu m\sim14\mu m$ 的波长范围，是因为在该波长范围内，一定温度范围内的红外辐射受大气吸收的影响最小。另外，红外检测还应尽可能选择无雨无雾、空气湿度低于 85% 的环境条件进行。

2. 颗粒影响

大气中存在的尘埃及悬浮粒子是红外辐射在传输过程中能量衰减的另一个原因，故而检测应在少尘或空气清新的环境条件下进行。

3. 风力影响

当被测设备处于室外露天运行时，在风力较大的环境下设备的热量会被风力加速散发，使裸露导体及接触件的散热条件得到改善，使存在热缺陷的设备温度下降，导致检测结果不准确。

4. 辐射率影响

不同性质的材料因对辐射的吸收或反射性能各异，因此它们的发射性能也应不同。一般检测时，设备辐射率取 0.9；当有精确测量的需求时，需根据物体的材料、表面光洁度、氧化程度、颜色厚度等参照常见物质典型辐射率表（见附录 F）进行选择。

5. 测量角影响

辐射率与测试方向有关，最好保持测量角在 30° 之内，不宜超过 45°。

6. 热辐射影响

当环境温度比被测物体的表面温度高很多或低很多时，或被测物体本身的辐射率很低时，邻近物体的热辐射的反射将对被测物体的测量造成影响。

7. 太阳影响

当被测设备处于阳光辐射下时，将极大地影响红外测温仪器，特别是红外成像仪器的正常工作和准确判断。同时，阳光照射造成被测物体的温升将叠加在被测设备的稳定温升上。因此，红外测温最好选择在天黑或者没有阳光的阴天进行。

6.2　红外热成像检测仪现场操作

6.2.1　主要功能和技术指标

1. 主要功能

（1）有最高点温度自动跟踪功能。

（2）采用优质显示屏，操作简单，仪器轻便，图像清晰、稳定。

（3）可采用目镜取景器，分析软件功能丰富。

（4）温度单位设置可 ℃ 和 ℉，且能相互转换。

（5）具备大气透过率修正、光学透过率修正、温度非均匀性校正功能；

（6）有测量点温、温差功能，能显示温度曲线和区域的最高温度。

（7）可以修正红外热像图及各种参数，各参数应包括时间日期、物体的发射率、环境温度湿度、目标距离、所使用的镜头、所设定的温度范围。

（8）电源必须采用可充电锂电池，一组电池连续工作时间不小于2h，电池组应不少于两组。

（9）能够对不同的被测试设备外壳材料进行相关参数的调整。

2. 技术指标

（1）便携式红外热像仪的基本要求如下：

1）空间分辨率：不大于 1.5mrad（毫弧度，标准镜头配置）。

2）温度分辨率：不大于 0.1℃。

3）帧频：不低于 25Hz。

4）像素：一般检测不低于 160×120，精确检测不低于 320×240。

5）测温准确度：应不大于 ±2℃ 或 ±2%（取绝对值大者）。

6）测温一致性应满足测温准确度的要求。

（2）手持（枪）式红外热像仪主要指标如下：

1）空间分辨率：不大于 1.9mrad（毫弧度，标准镜头配置）。

2）温度分辨率：不大于 0.15℃。

3）帧频：高于 25Hz。

4）像素：不低于 160×120。

6.2.2 现场测试应满足的要求

1. 待测设备要求

（1）待测设备处于运行状态。

（2）精确测温时，待测设备连续通电时间不小于 24h 以上。

（3）待测设备上无其他外部作业。

（4）电流致热型设备最好在高峰负荷下进行检测，一般应在不低于 30% 的额定负荷下进行，同时应充分考虑小负荷电流对测试结果的影响。

2. 检测人员要求

（1）熟悉红外诊断技术的基本原理和诊断程序。

（2）了解红外热像仪的工作原理、技术参数和性能。

（3）掌握热像仪的操作程序和使用方法。

（4）了解被测设备的结构特点、工作原理、运行状况和导致设备故障的基本因素。

（5）具有一定的现场工作经验，熟悉并能严格遵守电力生产和工作现场的相关安全管理规定。

（6）应经过上岗培训并考试合格。

3. 现场检测安全要求

（1）应执行 Q/GDW 1799.1《国家电网公司电力安全工作规程（变电部分）》。

（2）应在良好的天气下进行，如遇雷、雨、雪、雾不得进行该项工作，风力大于5m/s 时，也不宜进行该项工作。

（3）检测时应与设备带电部位保持相应的安全距离。

（4）进行检测时，要防止误碰误动设备。

（5）行走中注意脚下，防止踩踏设备管道。

（6）应有专人监护，监护人在检测期间应始终行使监护职责，不得擅离岗位或兼任其他工作。

4. 检测条件要求

（1）一般巡检条件要求如下：

1）环境温度不宜低于 5℃，一般按照红外热像检测仪器的最低温度掌握。

2）环境相对湿度不宜大于 85%。

3）风速一般不大于 5m/s，若检测中风速发生明显变化，应记录风速。

4）天气以阴天、多云为宜，夜间图像质量为佳。

5）不应在有雷、雨、雾、雪等气象条件下进行。

6）户外晴天要避开阳光直接照射或反射进入仪器镜头，在室内或晚上检测应避开灯光的直射，宜闭灯检测。

（2）精确测试。除满足一般巡检的环境要求外，还满足以下要求：

1）风速一般不大于 1.5m/s。

2）检测期间天气为阴天、多云天气、夜间或晴天日落 2h 后。

3）避开强电磁场，防止强电磁场影响红外热像仪的正常工作。

4）被检测设备周围应具有均衡的背景辐射，应尽量避开附近热辐射源的干扰，某些设备被检测时还应避开人体热源等红外辐射。

6.2.3 检测流程及注意事项

1. 检测准备

（1）检测前，应了解相关设备数量、型号、制造厂家、安装日期等信息以及运行情况，制定相应的技术措施。

（2）配备与检测工作相符的图纸、上次检测的记录、标准化作业工艺卡。

（3）检查环境、人员、仪器、设备满足检测条件。

（4）了解现场设备运行方式，并记录待测设备的负荷电流。

（5）按相关安全生产管理规定办理工作许可手续。

2. 检测步骤

（1）一般巡检步骤如下：

1）仪器开机，进行内部温度校准，待图像稳定后对仪器的参数进行设置，如图 6-4 所示。

图 6-4　仪器开机，内部温度校准

2）根据被测设备的材料设置辐射率。作为一般检测，被测设备的辐射率一般取 0.9 左右，如图 6-5 所示。

图 6-5　设置材料辐射率为 0.9

3）设置仪器的色标温度量程。一般宜设置在环境温度加 10K~20K 的温升范围，如图 6-6 所示。

图 6-6　设置色标温度量程

4）开始测温。远距离对所有被测设备进行全面扫描，宜选择铁红色显示方式，如图 6-7 所示。调节图像使其具有清晰的温度层次显示，并结合数值测温手段，如热点跟踪、区域温度跟踪等手段进行检测。应充分利用仪器的有关功能，如图像平均、自动跟踪等，以达到最佳检测效果。

图 6-7　选择铁红显示模式

5）环境温度发生较大变化时，应对仪器重新进行内部温度校准。

6）发现有异常后，再有针对性地近距离对异常部位和重点被测设备进行精确检测。

7）测温时，应确保现场实际测量距离满足设备最小安全距离及仪器有效测量距离的要求。

（2）精确检测步骤如下：

1）为了准确测温或方便跟踪，应事先设置几个不同的方向和角度，确定最佳检测位置，并可做上标记，以供今后复测用，提高互比性和工作效率。

2）将大气温度、相对湿度、测量距离等补偿参数输入，进行必要修正，并选择适当的测温范围，如图6-8～图6-10所示。

图6-8　设置大气温度

图6-9　设置相对湿度

图6-10　设置测量距离

3）正确选择被测设备的辐射率，特别要考虑金属材料表面氧化对选取辐射率的影响。辐射率选取具体可参见附录F。

4）检测温升所用的环境温度参照物体应尽可能选择与被测试设备类似的物体，且最好能在同一方向或同一视场中选择。

5）测量设备发热点、正常相的对应点及环境温度参照体的温度值时，应使用同一仪器相继测量。

6）在安全距离允许的条件下，红外仪器宜尽量靠近被测设备，使被测设备（或目标）尽量充满整个仪器的视场，以提高仪器对被测设备表面细节的分辨能力及测温准确度。必要时，可使用中、长焦距镜头。

7）记录被检设备的实际负荷电流、额定电流、运行电压，被检物体温度及环境温度。

6.2.4 数据记录及试验报告编制

检测时应按照表 6-1 记录原始试验数据，试验完成后编制检测报告，应保证数据准确完整，分析过程清晰，结论明确。

表 6-1　　　　　　　　　　　　红外热像检测报告

一、基本信息									
变电站		委托单位			试验单位				
试验性质		试验日期			试验人员		试验地点		
报告日期		编制人			审核人		批准人		
试验天气		温度（℃）			湿度（%）				

二、检测数据									
序号	间隔名称	设备名称	缺陷部位	表面温度	正常温度	环境温度	负荷电流	图谱编号	备注（辐射系数/风速/距离等）
1									
2									
3									
4									
5									
6									
7									
8									
9									
10									
⋮									
检测仪器									
结论									
备注									

6.2.5 检测数据分析方法

对不同类型的设备采用相应的判断方法和判断依据，并由热像特点进一步分析设备的缺陷特征，判断出设备的缺陷类型。

1. 判断方法

判断方法有表面温度、同类比较、图像特征、相对温差、档案分析、实时分析六种。

（1）表面温度判断法：主要适用于电流致热型和电磁效应引起发热的设备。根据测得的设备表面温度值，对照 DL/T 664《带电设备红外诊断应用规范》中高压开关设备和控制设备各种部件、材料及绝缘介质的温度和温升极限的有关规定，结合环境气候条件、负荷大小进行分析判断。

（2）同类比较判断法：根据同组三相设备、同相设备之间及同类设备之间对应部位的温差进行比较分析。

（3）图像特征判断法：主要适用于电压致热型设备。根据同类设备的正常状态和异常状态的热像图，判断设备是否正常。注意尽量排除各种干扰因素对图像的影响，必要时结合电气试验或化学分析结果进行综合判断。

（4）相对温差判断法：主要适用于电流致热型设备。特别是对小负荷电流致热型设备，采用相对温差判断法可降低小负荷缺陷的漏判率。注意，电流致热型设备发热点温升值小于 15K 时，不宜采用相对温差判断法。

（5）档案分析判断法：分析同一设备不同时期的温度场分布，找出设备致热参数的变化，判断设备是否正常。

（6）实时分析判断法：在一段时间内使用红外热像仪连续检测某被测设备，观察设备温度随负荷、时间等因素变化进行判断的方法。

2. 判断依据

（1）电流致热型设备的判断依据详细见附录 G。

（2）电压致热型设备的判断依据详细见附录 H。

（3）当缺陷是由两种或两种以上因素引起的，应综合判断缺陷性质。对于磁场和漏磁引起的过热，可依据电流致热型设备的判据进行处理。

3. 缺陷类型的判断及处理方法

（1）一般缺陷指设备存在过热，有一定温差，温度场有一定梯度，但不会引起事故的缺陷。一般缺陷的判断及处理方法如下：

1）一般缺陷一般要求记录在案，注意观察其缺陷的发展，利用停电机会检修，有计划地安排试验检修消除缺陷。

2）当发热点温升值小于 15K 时，不宜采用附录 G 的规定确定设备缺陷的性质。对于负荷率小、温升小但相对温差大的设备，如果负荷有条件或机会改变时，可在增大负荷电流后进行复测，以确定设备缺陷的性质；当无法改变时，可暂定为一般缺陷，加强监视。

（2）严重缺陷。指设备存在过热，程度较重，温度场分布梯度较大，温差较大的缺陷。这类缺陷应尽快安排处理。

1）对电流致热型设备，应采取必要的措施，如加强检测等，必要时降低负荷电流。

2）对电压致热型设备，应加强监测并安排其他测试手段，缺陷性质确认后，立即采取措施消缺。

3）电压致热型设备的缺陷一般定为严重及以上的缺陷。

（3）紧急缺陷。指设备最高温度超过 DL/T 664 规定的最高允许温度的缺陷。这类缺陷应立即安排处理。

1）对电流致热型设备，应立即降低负荷电流或立即消缺。

2）对电压致热型设备，当缺陷明显时，应立即消缺或退出运行；如有必要，可安排其他试验手段进一步确定缺陷性质。

6.3 典型案例分析

6.3.1 案例概述

某年 4 月 15 日，某供电公司在某 220kV 变电站开展带电检测工作。该站设备采用户外常规布置方式，于 2003 年 12 月 18 日投运。测量当日为阴天，气温 19℃上下，相对湿度为 50%，风力 0.8m/s，满足精确测温条件。

本次红外精确测温对象为 220kV×× 变电站 4 号电容器组，型号为 BFF11.5-200-1W，出厂日期为 2003 年 9 月 1 日。

6.3.2 带电检测数据分析

4 号电容器组的现场可见光和红外热像照片如图 6-11、图 6-12 所示。

红外测温数据记录如表 6-2 所示。

6.3.3 综合分析

通过红外检测发现：4 号电容器组 B 相 14 号电容器（位于上层南侧第三个电容器）本体上部存在发热现象。异常数据分析如表 6-3 所示，14 号电容器热点最高温度

图 6-11　4 号电容器组 B 相上层可见光照片

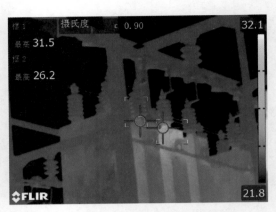
图 6-12　4 号电容器组 B 相上层红外热像照片（一）

表 6-2　　　　　　　　　　　　　　　　红外测温原始记录

变电站名称	220kV×× 变电站	检测日期		×××年 4 月 15 日
天气	阴	风速（m/s）		0.8
环境温度（℃）	19	湿度		50%
		辐射率		0.9
相别	A	B		C
负荷电流（A）	225.3	225.2		225.1
序号	测点位置	表面最高温度（℃）	测试距离（m）	备注
1	4 号电容器组 B 相 14 号电容器本体	31.5	3.1	异常
	其他电容器本体	26.2	3.1	正常

为 31.5℃，正常电容器相同部位温度为 26.2℃，温差为 5.3K；14 号电容器本体下部最高温度为 27.3℃（见图 6-13），上下部温差为 4.2K，被测设备区域环境温度为 19.0℃，电容器上下部相对温差为 33.6%。参考 DL/T 664 附录 I 电压致热型设备缺陷诊断依据中电容器发热"热像一般以本体上部为中心的热像图，正常热像最高温度一般在宽面垂直平分线的三分之二高度左右，其表面温升略高，整体发热或局部发热。热点温差大于 2~3K"。该电容器采用电压致热型设备的诊断依据进行综合判断，与相邻电容器温差为 5.3K，远大于 2~3K，且全部符合本体相对温差 $\delta > 20\%$ 和有不均匀热像的情况，故暂定性为电压致热型紧急缺陷。

相关参数 发热部位	4 号电容器组 B 相 14 号电容器本体上部
最高温度（℃）	31.5
温升（K）	12.5
发热部位与其他电容器相同部位最大温差（K）	5.3
本体上部与下部温差（K）	4.2
本体上部与下部的相对温差 δ（%）	33.6

表 6-3　　　　　4 号电容器组 B 相上层电容器红外测温数据分析

对 4 号电容器组 B 相 14 号电容器进行了不同角度的拍摄，并对上下温度进行比较，可以清楚地看到发热点主要集中在电容器的上部，温度最高点在套管的底部。14 号电容器的上部最高温度比下部最高温度高了 4.2K；但与相邻电容器进行对比，电容器并无整体发热现象，如图 6-13 所示。说明电容器上部发热不是内部引线接头接触不良引起，而是内部元件有故障或存在局部放电等缺陷。

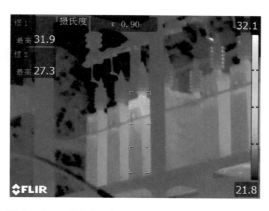

图 6-13　4 号电容器组 B 相上层红外热像照片（二）

高压电容器是全密封的电气设备，电容器局部发热的可能原因有：

（1）内部存在击穿、放电现象。如绝缘套管和法兰焊接处产生裂缝，裂缝表面爬电、闪络破坏了电容器的密封性，导致绝缘电阻下降，造成内部击穿局部放电；搬运不当，使瓷套管与外壳接触地方出现裂纹或瓷套管表面碰伤；安装不当，拧紧螺栓时，用力过猛，造成焊接处损伤；元件质量问题，本身存在表面裂缝。

（2）电网谐波导致电容器内部元件损坏。电容器组长期过电压运行，以及由于附近整流元件造成的高次谐波电流的影响使电容器过电流等，均可使电容器超过允许的温升，导致内部元件损坏，引起局部发热。

（3）绝缘材料开裂老化。绝缘材料劣化是因为绝缘材料长期处于户外紫外线、高温、潮气环境下，导致绝缘材料脆化、劣化、老化，使绝缘材料逐渐失去其原有的机械性能和绝缘性能。电容器在频繁投切过程中，也可能会造成包封开裂，进而导致匝间绝缘故障。

6.3.4　验证情况

于当天晚上对 4 号电容器组 B 相 14 号电容器进行红外热像的复测工作，复测结果如图 6-14 所示。

图 6-14　4 号电容器组 B 相上层复测红外热像照片

此时负荷为 225.8A，14 号电容器热点最高温度为 28.6℃，正常电容器相同部位温度为 22.4℃，温差为 6.2K；14 号电容器下部最高温度为 22.6℃，上下部温差为 6.0K，此时被测设备区域环境温度为 18℃，电容器上下部相对温差为 56.6%。虽然热点最高温度有所下降，但温差和电容器本体上下部相对温差都增加了。根据 DL/T 664 规定，复测结果与初测结果的温差和相对温差基本一致，维持电压致热型紧急缺陷的判断。

6.3.5　结论及建议

1. 结论

（1）4 号电容器组 B 相 14 号电容器上部存在发热现象。发热产生的可能原因是：

1）内部存在击穿、放电现象。

2）电网谐波导致电容器内部元件损坏。

3）绝缘材料老化。

（2）参考 DL/T 664 附录 I，电容器发热部位温差和相对温差均远大于规定值，且有不均匀热像，定性为电压致热型紧急缺陷。

2. 建议

（1）立即停电安排检修，更换发热电容器，安装拧紧螺栓时，不可用力过猛造成焊接处损伤；连接处涂上导电脂并紧固螺栓，保证搭接面接触良好；复役后红外复测查看发热点是否恢复正常。

（2）密切关注其他电容器的红外测温情况，举一反三，减少乃至杜绝此类事件的发生，确保电容器有一个安全稳定的良好运行状态。

6.3.6 紧急缺陷后续跟踪情况

确认该 220kV 变电站 4 号电容器组 B 相 14 号电容器存在发热的紧急缺陷后第二天，供电公司完成 4 号电容器组 B 相 14 号电容器更换工作，更换后红外测温正常，热像照片如图 6-15 所示。

图 6-15　4 号电容器组 B 相 14 号电容器更换后红外热像照片

7 紫外成像检测

7.1 紫外成像检测概述

7.1.1 紫外检测原理

在高压设备电离放电时，根据电场强度（或高压差）的不同，会产生电晕、闪络或电弧。电离过程中，空气中的电子不断获得和释放能量。当电子释放能量即放电时，会辐射出光波和声波，还有臭氧、紫外线、微量的硝酸等。紫外成像技术就是利用特殊的仪器接收放电产生的紫外线信号，经处理后成像并与可见光图像叠加，达到确定电晕的位置和强度的目的，从而为进一步评价设备的运行情况提供依据。

紫外线的波长范围是40nm~400nm。太阳光中也含紫外线，但由于地球的臭氧层吸收了部分波长的紫外线，实际上辐射到地面上的太阳紫外线波长大都在300nm以上，低于300nm的波长区间被称为太阳盲区。空气的主要成分是氮气，而氮气电离时产生紫外线的光谱大部分处于波长280~400nm的区域内，只有一小部分波长小于280nm。小于280nm的紫外线处于太阳盲区内，若能探测到，只可能是来自地球上的辐射。

7.1.2 紫外缺陷类型

1. 导电体表面电晕放电

有下列情况：

（1）由于设计、制造、安装或检修等原因，形成的锐角或尖端。

（2）由于制造、安装或检修等原因，形成表面粗糙。

（3）运行中导线断股（或散股）。

（4）均压、屏蔽措施不当。

（5）在高电压下，导电体截面偏小。

（6）悬浮金属物体产生的放电。

（7）导电体对地或导电体间间隙偏小。

（8）设备接地不良及其他情况。

2. 绝缘体表面电晕放电

有下列情况：

（1）在潮湿情况下，绝缘子表面破损或裂纹。

（2）在潮湿情况下，绝缘子表面污秽。

（3）绝缘子表面不均匀覆冰。

（4）绝缘子表面金属异物短接及其他情况。

7.2　紫外成像检测仪现场操作

7.2.1　主要功能和技术指标

紫外成像仪应操作简单，携带方便，图像清晰、稳定，具有较高的分辨率和动、静态图像储存功能，在移动巡检时，不出现拖尾现象，对设备进行准确检测且不受环境中电磁场的干扰。

1. 主要功能

（1）自动 / 手动调节紫外线、可见光焦距。

（2）可调节紫外增益。

（3）具备光子数计数功能。

（4）应具备抗外部干扰的功能。

（5）测试数据可存储于本机并可导出。

2. 技术指标

（1）最小紫外光灵敏度：不大于 $8 \times 10^{-18} \mathrm{W/cm^2}$。

（2）最小可见光灵敏度：不大于 0.7lux。

（3）电晕探测灵敏度：小于 5pC。

7.2.2　现场测试要求

1. 待测设备要求

被测设备是带电设备，应尽量避开影响检测的遮挡物。

2. 检测人员要求

进行电力设备紫外成像检测的人员应具备如下条件：

（1）熟悉紫外成像检测技术的基本原理、诊断分析方法。

（2）了解紫外成像检测仪的工作原理、技术参数和性能。

（3）掌握紫外成像检测仪的操作方法。

（4）了解被测设备的结构特点、工作原理、运行状况和导致设备故障的基本因素。

（5）具有一定的现场工作经验，熟悉并能严格遵守电力生产和工作现场的相关安全管理规定。

（6）应经过上岗培训并考试合格。

3. 现场检测安全要求

（1）应执行 Q/GDW1799.1《国家电网公司电力安全工作规程（变电部分）》。

（2）检测时应与设备带电部位保持相应的安全距离。

（3）在进行检测时，要防止误碰误动设备。

（4）行走中注意脚下，防止踩踏设备管道。

4. 检测条件要求

（1）应在良好的天气下进行，如遇雷、中（大）雨、雪、雾、沙尘不得进行该项工作。

（2）一般检测时风速不宜大于 5m/s，准确检测时风速不宜大于 1.5m/s。

（3）检测温度不宜低于 5 ℃。

（4）应尽量减少或避开电磁干扰或强紫外光干扰源。

7.2.3 检测流程及注意事项

1. 检测准备

（1）检测前，应了解相关设备数量、型号、制造厂家、安装日期等信息以及运行情况，制定相应的技术措施。

（2）配备与检测工作相符的图纸、上次检测的记录、标准作业卡。

（3）检查环境、人员、仪器、设备满足检测条件。

（4）按相关安全生产管理规定办理工作许可手续。

2. 检测步骤

（1）开机后，增益设置为最大。根据光子数的饱和情况逐渐调整增益，如图 7-1 所示。

（2）调节焦距，直至图像清晰度最佳，如图 7-2 所示。

（3）图像稳定后进行检测，对所测设备进行全面扫描，发现电晕放电部位后进行精确检测，如图 7-3 所示。

（4）在同一方向或同一视场内观测电晕部位，选择检测的最佳位置，避免其他设备放电干扰，如图 7-4 所示。

（5）在安全距离允许范围内，在图像内容完整的情况下尽量靠近被测设备，使被测设备电晕放电在视场范围内最大化，记录此时紫外成像仪与电晕放电部位距离。紫外检

图 7-1　调节仪器增益

图 7-2　调整仪器焦距

图 7-3　全面扫描查找放电部位

图 7-4　观察电晕位置

测电晕放电量的结果与检测距离呈指数衰减关系，在测量后需要进行校正，参见附录Ⅰ。

（6）在一定时间内，紫外成像仪检测电晕放电强度以多个相差不大的极大值的平均值为准，并同时记录电晕放电形态、具有代表性的动态视频过程、图片以及绝缘体表面电晕放电长度范围。若存在异常，应出具检测报告。

7.2.4　数据记录及试验报告编制

检测时应按照表 7-1 记录原始试验数据，试验完成后编制检测报告，应保证数据准确完整，分析过程清晰，结论明确。

表 7-1　　　　　　　　　　　　紫外成像检测报告

一、基本信息					
变电站		委托单位		试验单位	

续表

一、基本信息

试验性质		试验日期		试验人员		试验地点	
报告日期		编制人		审核人		批准人	
试验天气		温度（℃）		湿度（%）			

二、设备铭牌

运行编号		生产厂家		额定电压	
投运日期		出厂日期		出厂编号	
设备型号					

三、检测数据

序号	检测位置	紫外图像	可见光图像
1			
2			
3			
4			
5			
⋮			
仪器增益		测试距离/m	
光子计数		图像编号	
仪器型号			
诊断分析			
结论			
备注			

7.2.5 检测数据分析方法

根据设备外绝缘的结构、当时的气候条件及未来天气变化情况、周边微气候环境，综合判断电晕放电对电气设备的影响。

7.3 典型案例分析

7.3.1 案例概述

　　某年 4 月 2 日，检测人员在处理某变电站 220kV 副母有异常放电声响缺陷时，通过紫外成像仪检测排查，定位出异常放电声响的位置为副母靠主控室侧第一串绝缘子 C 相。该相绝缘子紫外放电量较 A、B 两相明显偏大，紫外放电粒子集中在绝缘子与导线连接部位。通过望远镜观测，该部位绝缘子表面有闪络痕迹。同年 9 月 3 日，结合变电站停电检修机会，对此间隔的绝缘子串进行了更换，跟踪检测一段时间，紫外放电量恢复正常。

7.3.2 检测过程

　　检测人员在 220kV 副母靠主控室侧第一串绝缘子周围能明显听到强劲有力的放电声响。通过紫外成像仪检测，绝缘子 C 相紫外放电量较 A、B 两相明显偏大，存在放电现象，如图 7-5~ 图 7-7 及表 7-2 所示。

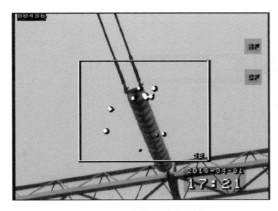

图 7-5　A 相紫外放电图谱

图 7-6　B 相紫外放电图谱

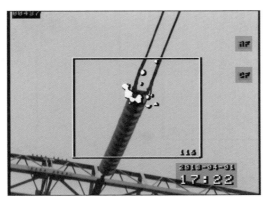

图 7-7　C 相紫外放电图谱

表 7-2 紫外检测数据

相别	放电量	检测角度	增益（%）
A	11	正面	78
B	50	正面	78
C	116	正面	78

通过数据对比，C 相绝缘子放电量较其他两相偏高，放电量集中在绝缘子与导线连接部位。此部位的配件存在尖端，极易引起电场分布不均而放电。检测人员换个角度走到 C 相绝缘子正下方检测，发现与导线连接侧第一、二片绝缘子之间有较大的放电量，如图 7-8 ~ 图 7-10 及表 7-3 所示。

图 7-8 C 相绝缘子放电异常的位置

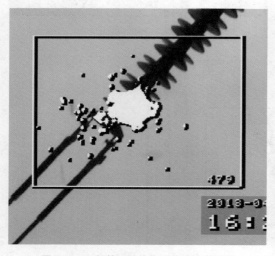

图 7-9 C 相第一片绝缘子紫外放电图谱

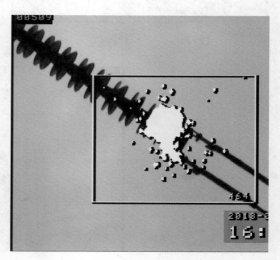

图 7-10 C 相第二片绝缘子紫外放电图谱

表 7-3	紫外检测数据	
C 相	放电量	增益
角度 1	479	78%
角度 2	464	78%

通过望远镜观测，绝缘子表面污秽程度严重，有闪络的痕迹。结合现场所检测的紫外放电量异常偏大、紫外放电粒子集中，表明该部位存在放电间隙，从而引起 220kV 副母绝缘子放电异响。

7.3.3 缺陷处理及原因分析

同年 9 月 3 日，结合该变电站停电检修机会，将此间隔的绝缘子串更换为复合型绝缘子。观察拆下来的绝缘串，第一、二片绝缘子之间有明显的贯穿放电通路，如图 7-11 所示。由于该地区为酸雨重灾区，设备长期处在重度污染的环境下，使绝缘子表面沉积污秽；在雾、雨、融冰等潮湿天气作用下，污秽层中可溶性导电物溶解、电离，使绝缘子表面电导加剧，泄漏电流增加，在电场的作用下逐步形成局部电弧；当电弧不断发展便贯穿两极，完成闪络，形成放电通路。

图 7-11 绝缘子放电痕迹

7.3.4 复测

绝缘子更换后，跟踪检测一段时间，紫外放电量恢复正常。

表 A.1   变压器高频局部放电检测典型图谱

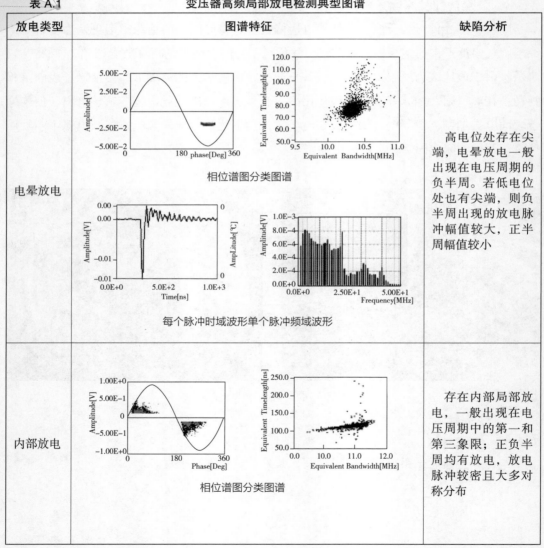

放电类型	图谱特征	缺陷分析
电晕放电	相位谱图分类图谱 每个脉冲时域波形单个脉冲频域波形	高电位处存在尖端，电晕放电一般出现在电压周期的负半周。若低电位处也有尖端，则负半周出现的放电脉冲幅值较大，正半周幅值较小
内部放电	相位谱图分类图谱	存在内部局部放电，一般出现在电压周期中的第一和第三象限；正负半周均有放电，放电脉冲较密且大多对称分布

续表

放电类型	图谱特征	缺陷分析
内部放电	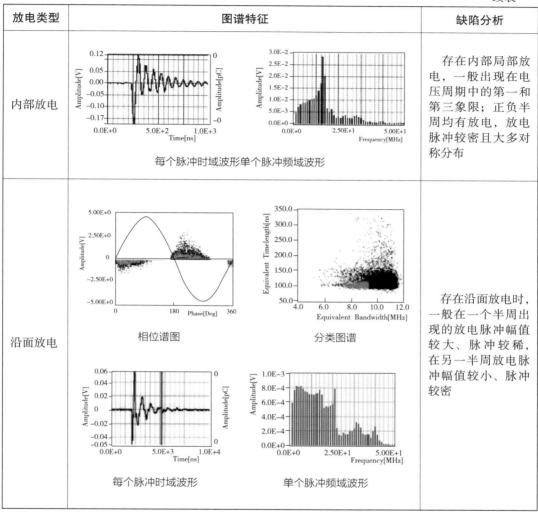每个脉冲时域波形单个脉冲频域波形	存在内部局部放电，一般出现在电压周期中的第一和第三象限；正负半周均有放电，放电脉冲较密且大多对称分布
沿面放电	相位谱图　　　　分类图谱 每个脉冲时域波形　　单个脉冲频域波形	存在沿面放电时，一般在一个半周出现的放电脉冲幅值较大、脉冲较稀，在另一半周放电脉冲幅值较小、脉冲较密

B.1 电晕缺陷

当被测设备内部存在导体毛刺、外壳毛刺时，在高压电场作用下会产生电晕放电信号。电晕放电信号的产生与施加在其两端的电压幅值具有明显关联性，其放电图谱表现出典型的 50Hz 与 100Hz 相关性，并且 50Hz 相关性＞ 100Hz 相关性。

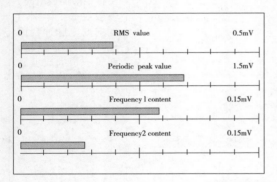
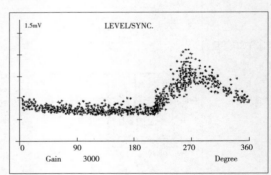

图 B.1 尖端放电典型谱图

B.2 悬浮电位缺陷

当被测设备内部存在悬浮电位缺陷时，在高压电场作用下会产生局部放电信号。电晕放电信号的产生与施加在其两端的电压幅值具有明显关联性，其放电图谱表现出典型的 50Hz 与 100Hz 相关性，并且 100Hz 相关性＞ 50Hz 相关性。

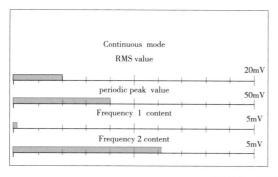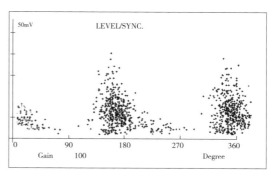

图 B.2　悬浮放电典型谱图

B.3　自由金属颗粒

当被测设备内部存在自由金属微粒缺陷时，在高压电场作用下，金属微粒会在设备内部做无规则运动。该类缺陷信号有效值及周期峰值较大，50Hz 与 100Hz 频率成分较小。在脉冲检测模式观察到的"飞行图"具有明显的"三角驼峰"特征。

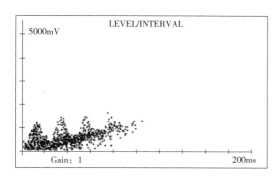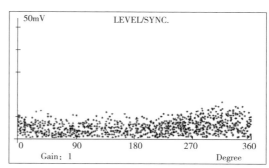

图 B.3　自由颗粒典型谱图

B.4　机械振动

电气设备由各种零部件安装组成，设备运行过程中，外部条件或内部因素都可能会引起轻微的往复运动。设备内部长期的机械振动会造成内部部件的松动，可能进而引发更加严重的后果。

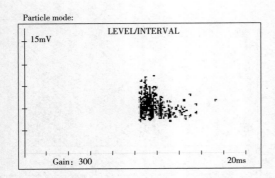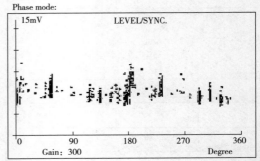

图 B.4　机械振动典型谱图

附录 C GIS 设备超声波局部放电缺陷部位和缺陷类型判断依据

C.1 缺陷部位判断依据

多传感器定位是利用时延方法实现空间定位的方法。在疑似故障部位利用多个传感器同时测量，并以信号首先到达的传感器作为触发信号源，就可以得到超声波从放电源至各个传感器的传播时间，再根据超声波在设备媒质中的传播速度和方向，就可以确定放电源的空间位置。

单传感器定位指移动传感器，测试气室不同的部位，找到信号的最大点，对应的位置即为缺陷点。通过两种方法判断缺陷在罐体或中心导体上。方法一，通过调整测量频带的方法，将带通滤波器测量频率从 100kHz 减小到 50kHz，如果信号幅值明显减小，则缺陷位置应在壳体上；如果信号水平基本不变，则缺陷位置应在中心导体上。方法二，如果信号水平的最大值在罐体表面周线方向的较大范围出现，则缺陷位置应在中心导体上；如果最大值在一个特定点出现，则缺陷位置应在壳体上。

C.2 缺陷类型判断依据

缺陷类型判断依据见表 C.1。

表 C.1　　　　　　　　　　缺陷类型判断依据

判断依据 \ 缺陷类型	自由金属微粒	电晕放电	悬浮电位
信号水平	高	低	高
峰值 / 有效值	高	低	高
50Hz 频率相关性	无	高	低

判断依据 \ 缺陷类型	自由金属微粒	电晕放电	悬浮电位
100Hz 频率相关性	无	低	高
相位关系	无	有	有

注 局部放电信号 50Hz 相关性指局部放电在一个电源周期内只发生一次放电的概率。概率越大，50Hz 相关性越强。局部放电信号 100Hz 相关性指局部放电在一个电源周期内发生 2 次放电的概率。概率越大，100Hz 相关性越强。

（1）自由金属微粒缺陷。对于运行中的设备，微粒信号的幅值 V_{peak} 高于背景噪声但低于 5dB 可不进行处理；在 5dB~10dB 之间应缩短检测周期，监测运行；大于 10dB 应进行检查。

（2）电晕放电缺陷。电晕放电由毛刺产生。毛刺一般在壳体上，但导体上的毛刺危害更大。只要信号高于背景值，都是有害的，应根据工况酌情处理。在耐压过程中发现毛刺放电现象，即便低于标准值，也应进行处理。

（3）悬浮电位缺陷。电位悬浮一般发生在断路器气室的屏蔽松动，TV/TA 气室绝缘支撑松动或偏移，母线气室绝缘支撑松动或偏移，气室连接部位接插件偏离或螺栓松动等。设备内部只要形成了电位悬浮，就是危险的，应加强监测，有条件就应及时处理。对于 126kV GIS，如果 100Hz 信号幅值远大于 50Hz 信号幅值，且 $V_{peak} > 10mV$，应缩短检测周期并密切监测其增长量；如果 $V_{peak} > 20mV$，应停电处理。

附录 D GIS 设备特高频局部放电检测干扰信号典型图谱

表 D.1 干扰信号的典型图谱

干扰类型	干扰特点	典型干扰波形	典型干扰谱图
手机信号	波形相对固定，幅值稳定，没有工频相关性，不具有相位特征，有特定的重复频率		
雷达信号	波形有明显的具有周期特征的峰值点，没有工频相关性，不具有相位特征		
日光灯干扰	波形幅值变化较大，没有工频相关性，不具有相位特征，没有周期重复现象		
发动机干扰	波形没有明显的相位特征，幅值分布较广		

附录 E　GIS 设备特高频局部放电检测典型图谱

表 E.1　　　　　　　　　　　特高频局部放电检测典型图谱

类型	PRPS 谱图	峰值检测谱图	PRPD 谱图
电晕放电	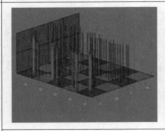	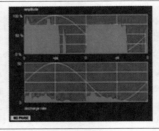	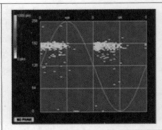
	放电的极性效应非常明显，通常在工频相位的负半周或正半周出现，放电信号强度较弱且相位分布较宽，放电次数较多。但较高电压等级下另一个半周也可能出现放电信号，幅值更高且相位分布较窄，放电次数较少		
悬浮电位放电	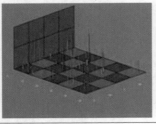	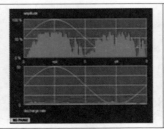	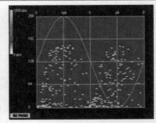
	放电信号通常在工频相位的正、负半周均会出现，且具有一定对称性，放电信号幅值很大且相邻放电信号时间间隔基本一致，放电次数少，放电重复率较低。PRPS 谱图具有"内八字"或"外八字"分布特征		
自由金属颗粒放电			
	放电信号极性效应不明显，任意相位上均有分布，放电次数少，放电幅值无明显规律，放电信号时间间隔不稳定。提高电压等级，放电幅值增大但放电间隔缩短		

续表

类型	PRPS 谱图	峰值检测谱图	PRPD 谱图
绝缘内部空穴或沿面放电	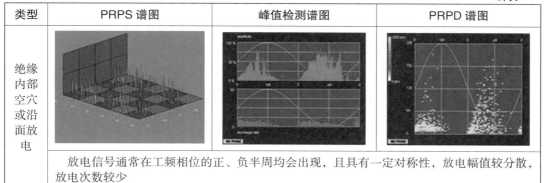		
	放电信号通常在工频相位的正、负半周均会出现，且具有一定对称性，放电幅值较分散，放电次数较少		

附录 F 常用材料的辐射率

表 F.1 常用材料辐射率表

材料	温度（℃）	发射率近似值	材料	温度（℃）	发射率近似值
抛光铝或铝箔	100	0.09	棉纺织品（全颜色）	—	0.95
轻度氧化铝	25~600	0.10~0.20	丝绸	—	0.78
强氧化铝	25~600	0.30~0.40	羊毛	—	0.78
黄铜镜面	28	0.03	皮肤	—	0.98
氧化黄铜	200~600	0.59~0.61	木材	—	0.78
抛光铸铁	200	0.21	树皮	—	0.98
加工铸铁	20	0.44	石头	—	0.92
完全生锈轧铁板	20	0.69	混凝土	—	0.94
完全生锈氧化钢	22	0.66	石子	—	0.28~0.44
完全生锈铁板	25	0.80	墙粉	—	0.92
完全生锈铸铁	40~250	0.95	石棉板	25	0.96
镀锌亮铁板	28	0.23	大理石	23	0.93
黑亮漆（喷在粗糙铁上）	26	0.88	红砖	20	0.95
黑或白漆	38~90	0.80~0.95	白砖	100	0.90
平滑黑漆	38~90	0.96~0.98	白砖	1000	0.70
亮漆	—	0.90	沥青	0~200	0.85
非亮漆	—	0.95	玻璃（面）	23	0.94
纸	0~100	0.80~0.95	碳片	—	0.85
不透明塑料	—	0.95	绝缘片	—	0.91~0.94

续表

材料	温度（℃）	发射率近似值	材料	温度（℃）	发射率近似值
瓷器（亮）	23	0.92	金属片	—	0.88~0.90
电瓷	—	0.90~0.92	环氧玻璃板	—	0.80
屋顶材料	20	0.91	镀金铜片	—	0.30
水	0~100	0.95~0.96	涂焊料的铜	—	0.35
冰	—	0.98	铜丝	—	0.87~0.88

附录 G 电流致热型设备缺陷诊断判据

表 G.1   电流致热型设备缺陷诊断判据表

设备类别和部位		热像特征	故障特征	缺陷性质			处理建议
				一般缺陷	严重缺陷	危急缺陷	
电气设备与金属部件的连接	接头和线夹	以线夹和接头为中心的热像，热点明显	接触不良	温差超过 15K，未达到严重缺陷的要求	热点温度 > 80℃ 或 $\delta \geqslant 80\%$	热点温度 > 110℃ 或 $\delta \geqslant 95\%$	
金属导线		以导线为中心的热像，热点明显	松股、断股、老化或截面积不够				
金属部件与金属部件的连接	接头和线夹	以线夹和接头为中心的热像，热点明显	接触不良	温差超过 15K，未达到严重缺陷的要求	热点温度 > 90℃ 或 $\delta \geqslant 80\%$	热点温度 > 130℃ 或 $\delta \geqslant 95\%$	
输电导线的连接器（耐张线夹、接续管、修补管、并沟线夹、跳线线夹、T型线夹、设备线夹等）							
隔离开关	转头	以转头为中心的热像	转头接触不良或断股				
	触头	以触头压接弹簧为中心的热像	弹簧压接不良				测量接触电阻

设备类别和部位		热像特征	故障特征	缺陷性质			处理建议
				一般缺陷	严重缺陷	危急缺陷	
断路器	动静触头	以顶帽和下法兰为中心的热像，顶帽温度大于下法兰温度	压指压接不良	温差超过 10K，未达到严重缺陷的要求	热点温度＞55℃或δ≥80%	热点温度＞80℃或δ≥95%	测量接触电阻
	中间触头	以下法兰和顶帽为中心的热像，下法兰温度大于顶帽温度					
电流互感器	内连接	以串并联出线头或大螺杆出线夹为最高温度的热像或以顶部铁帽发热为特征	螺杆接触不良	温差超过 10K，未达到严重缺陷的要求	热点温度＞55℃或δ≥80%	热点温度＞80℃或δ≥95%	测量一次回路电阻
套管	柱头	以套管顶部柱头为最热的热像	柱头内部并线压接不良				
电容器	熔丝	以熔丝中部靠电容侧为最热的热像	熔丝容量不够				检查熔丝
	熔丝座	以熔丝座为最热的热像	熔丝与熔丝座之间接触不良				检查熔丝座

相对温差计算公式：$\delta_t = (\tau_1 - \tau_2)/\tau_1 \times 100\% = (T_1 - T_2)/(T_1 - T_0) \times 100\%$

式中　τ_1、T_1——发热点的温升和温度；

　　　τ_2、T_2——正常相对应点的温升和温度；

　　　T_0——被测设备区域的环境温度，即气温。

表 H.1 电压致热型设备缺陷诊断判据表

设备类别		热像特征	故障特征	温差（K）	处理建议
电流互感器	10kV浇注式	以本体为中心整体发热	铁心短路或局部放电增大	4	伏安特性或局部放电量试验
	油浸式	以瓷套整体温升增大，且瓷套上部温度偏高	介质损耗偏大	2~3	介质损耗、油色谱、油中含水量检测
电压互感器（含电容式电压互感器的互感器部分）	10kV浇注式	以本体为中心整体发热	铁心短路或局部放电增大	4	特性或局部放电量试验
	油浸式	以整体温升偏高，且中上部温度大	介质损耗偏大、匝间短路或铁心损耗增大	2~3	介质损耗、空载、油色谱及油中含水量测量
耦合电容器	油浸式	以整体温升偏高或局部过热，且发热符合自上而下逐步递减的规律	介质损耗偏大，电容量变化、老化或局部放电	2~3	介质损耗测量
移相电容器		热像一般是以本体上部为中心的热像图，正常热像最高温度一般在宽面垂直平分线的2/3高度左右，其表面温升略高，整体发热或局部发热	介质损耗偏大，电容量变化、老化或局部放电		
高压套管		热像特征呈现以套管整体发热热像	介质损耗偏大		介质损耗测量
		热像为对应部位呈现局部发热区故障	局部放电故障，油路或气路堵塞		
充油套管	瓷瓶柱	热像特征是以油面处为最高温度的热像，油面有一明显的水平分界线	缺油		

续表

设备类别		热像特征	故障特征	温差（K）	处理建议
氧化锌避雷器	10~60kV	正常为整体轻微发热，较热点一般在靠近上部且不均匀，多节组合从上到下各节温度递减，引起整体发热或局部发热为异常	阀片受潮或老化	0.5~1	直流和交流试验
绝缘子	瓷绝缘子	正常绝缘子串的温度分布同电压分布规律，即呈现不对称的马鞍型，相邻绝缘子温差很小，以铁帽为发热中心的热像图，其比正常绝缘子温度高	低值绝缘子发热（绝缘电阻在10~300MΩ）	1	
		发热温度比正常绝缘子要低，热像特征与绝缘子相比，呈暗色调	零值绝缘子发热（0~10MΩ）		
		其热像特征是以瓷盘（或玻璃盘）为发热区的热像	由于表面污秽引起绝缘子泄漏电流增大	0.5	
	合成绝缘子	在绝缘良好和绝缘劣化的结合处出现局部过热，随着时间的延长，过热部位会移动	伞裙破损或芯棒受潮	0.5~1	
		球头部位过热	球头部位松脱、进水		
电缆终端		以整个电缆头为中心的热像	电缆头受潮、劣化或气隙	0.5~1	
		以护层接地连接为中心的发热	接地不良	5~10	
		伞裙局部区域过热	内部可能有局部放电	0.5~1	
		根部有整体性过热	内部介质受潮或性能异常		

电晕放电量与紫外光检测距离校正公式如式（I.1）所示。

按 5.5m 标准距离检测，换算公式为：

$$y_1 = 0.033 x_2^2 y_2 \exp\left(0.4125 - 0.075 x_2\right) \tag{I.1}$$

式中：

x_2——检测距离，m；

y_2——在 x_2 距离时紫外光检测的电晕放电量；

y_1——换算到 5.5m 标准距离时的电晕放电量。

参考文献

[1] 国家电网公司运维检修部 . 国家电网公司电网设备状态检修丛书　电网设备带电检测技术 [M]. 北京：中国电力出版社，2014.12.

[2] 国家电网公司运维检修部 .GIS 设备带电检测标准化作业 [M]. 北京：中国电力出版社，2017.5.

[3] 国网湖南省电力公司星沙培训分中心 . 电气设备带电检测技术及故障分析 [M]. 北京：中国电力出版社，2015.1.